室内装饰风格详解

简欧

理想·宅 编

U0201540

化学工业出版社

·北京·

本书先详细介绍了欧式室内设计的起源与发展，以及在国内如何与传统文化、生活习俗相融合。通过对色彩、纹样和材料工艺的分析进一步解析简欧风格室内设计的特点，结合经典的实景案例，从布艺软装、布局摆设入手，更深一步地讲解简欧风格如何通过对古典欧式文化的继承创新，来实现欧式简约家居的设计提升。

图书在版编目（CIP）数据

室内装饰风格详解. 简欧 / 理想·宅编. —北京：
化学工业出版社，2020.5
ISBN 978-7-122-36292-6

Ⅰ．①室… Ⅱ．①理… Ⅲ．①室内装饰设计 ② Ⅳ.
①TU238.2

中国版本图书馆CIP数据核字 (2020) 第032569号

责任编辑：王 斌 邹 宁　　　　　　　　　　　装帧设计：王晓宇
责任校对：杜杏然

出版发行：化学工业出版社(北京市东城区青年湖南街13号　邮政编码100011)
印　　装：北京瑞禾彩色印刷有限公司
787mm×1092mm　1/16　印张12　字数350千字　2020年5月北京第1版第1次印刷

购书咨询：010-64518888　　　　　　　　　　　售后服务：010-64518899
网　　址：http://www.cip.com.cn
凡购买本书，如有缺损质量问题，本社销售中心负责调换。

定　　价：78.00元

前言

　　欧洲文化丰富的艺术底蕴，开放、创新的设计思想及其尊贵的姿容，一直以来颇受众人喜爱与追求。不论历史潮流如何改变，欧式风格一直注重室内外的沟通，建筑和室内相结合设计，给室内装饰艺术引入了新意。

　　我们常说简欧风格是经过改良的古典欧式主义风格，它一方面保留了材质、色彩的大致风格，仍然可以很强烈地感受传统的历史痕迹与浑厚的文化底蕴，但同时又摒弃了过于复杂的肌理和装饰，简化了线条。本书由历史文化追根溯源，从五个方面阐释简欧风格室内设计：第一章认识简欧风格，从欧洲历史文化追溯，点明不同时期欧式风格的特点，以此总结出简欧风格的设计理念与风格特点，给大家清晰地呈现简欧风格的继承与创新过程；第二章简欧风格的设计表现因素，主要涉及风格的整体形态的设计，从线条造型、常用色彩、装饰纹样与材料工艺四个方面入手，详细分析了简欧风格如何在保持欧式特色的情况下，创造出符合国人的审美和空间需求；第三章简欧风格的空间设计表现与布置，诠释了简欧风格独特的布置手法——取材于古典欧式风格，再结合现代设计理念进行优化，保留住奢华的感觉又不会失去现代感；第四章简欧风格的软装元素解析，针对风格特点进行点对点的解析，包括家具、布艺、灯饰、装饰摆件、花艺等装饰元素；第五章简欧风格案例解析，通过不同户型的案例，展现出简欧风格多样的表达形式。

　　全书不只增加了对简欧风格室内设计的分析和指导的比重，而且为了能有更强的实用性，在书中特别加入了与国内建筑、室内空间形态和国人生活习惯相关的内容，结合解析简欧风格，使分析更有实际意义和运用价值。另外，丰富的国内室内设计案例，除了展现了古典欧式风格的精髓，也展示了简欧风格的创新思考。本书不仅可以使设计师加深对简欧风格的理解，更加熟练地表现出风格特点，而且还可以为设计师提供灵感和专业的借鉴价值。

目录

第五章 简欧风格案例解析

第一章 ❦

认识简欧风格

简欧风格是经过中西方文化交融而产生的一种适合国内的室内装饰风格。它保有欧式的古典与特色，维持优雅、高贵的氛围，但又更加贴近现代人们的生活，保证一定的功能性，更加符合人们当下对室内空间设计的需求。

一、风格形成

✺ 欧式风格的发展历程

欧式风格的发展历史悠久，随着欧洲文明的进步不断地发展着。主要脉络为古希腊时期、古罗马时期、中世纪时期、文艺复兴时期、巴洛克时期、洛可可时期、新古典主义时期。

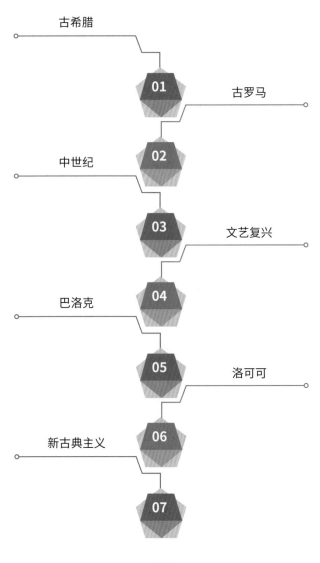

时间轴

古希腊时期（公元前 7 世纪~前 1 世纪）

古希腊风格是在吸收了东方文化艺术元素的基础之上，经历了数千年的历练才形成自己独特的艺术风格，为人类留下了丰厚的遗产。它直接催生了罗马艺术的繁荣，是欧洲古典风格的源头之一，表现了希腊人自由、开放、纯朴的性格。它把对形态与韵律、精密与清晰、和谐与秩序的理解融入室内环境中，使空间具有宽阔开朗、愉快亲切的形象。

古罗马时期（公元前 5 世纪~公元 5 世纪）

古罗马风格比较倾向于实用主义，在内容上多为享乐型的世俗生活，在造型上追求宏伟、华丽，在表现手法上强调写实，表现出庄重、冷静、沉着的鲜明特征。古罗马风格在装饰特色、实用性和多样性等方面与古希腊风格有不尽相同之处，这是由于罗马帝国的统治阶级及贵族们为了满足奢侈豪华的生活风气，而促使罗马风格形成严谨、肃穆、端庄、华丽的风格特征。古罗马艺术对后世的影响很大，文艺复兴时期及新古典主义时期都是由于受罗马艺术风格的影响而兴起的，进而促进了西方艺术的发展。

中世纪时期（公元 476 年~15 世纪文艺复兴前期）

中世纪时期，罗马帝国分为东罗马和西罗马帝国，东罗马帝国又被称为拜占廷帝国，西罗马帝国被周边的国家攻打导致消亡，从西罗马帝国灭亡直到 14、15 世纪的资本主义制度萌芽，这段时期称为中世纪时期。在这段时期西欧从战乱到较稳定的状态，宗教类的教堂和修道院在不断发展，中间经历了世俗文化与教会文化的冲击，慢慢出现了一些公共建筑，其中天主教堂发展得最好。宗教对室内的发展也有很大的影响，家具的形式也更为多样。

文艺复兴时期（15 世纪后半期~17 世纪前期）

文艺复兴是历史上继仿罗马式之后的第二次大规模地对古代希腊文化艺术的复兴运动，在欧洲各国按地域的不同而相互传承，各国在吸收古代文化艺术的精华时均结合了本民族的文化特色而形成了地域性较强的文艺复兴家居形式。如意大利的严谨、华丽、结实、永恒；法国的精湛、华美；英国的刚劲、严肃；西班牙的简洁、纯朴。总之，文艺复兴式家居装饰强调实用与美观相结合，强调以人为本的功能主义，赋予家居更多的科学性、实用性和人性味，具有华美、庄重、结实、永恒、雄伟的风格特征。

巴洛克时期（17 世纪前期）

巴洛克风格以浪漫主义的精神作为形式设计的出发点，一反古典主义的严肃、拘谨，偏重于理性的形式，而赋予了更为亲切和柔性的效果。巴洛克式风格虽然脱胎于文艺复兴时代的艺术形式，但却有其独特的风格特点，它摒弃了古典主义造型艺术上的刚劲、挺拔、肃穆、古板的遗风，追求宏伟、生动、热情、奔放的艺术效果。空间上追求连续性，追求形体的变化和层次感。

06 洛可可时期（17世纪后期）

洛可可和巴洛克同属于浪漫时期的家居风格，二者均具有浪漫抒情、委婉华丽的动态曲线，然而却又各自表现出决然不同的特点。巴洛克风格具有豪华、雄壮、奔放的男性特点；洛可可风格具有柔婉、秀美、纤细、轻巧的女性特征，两者形成了鲜明的对比，这也是在巴洛克风格艺术基础上升华的结果。洛可可风格尽管在欧洲各国略有不同，但均以其不对称的轻快纤细曲线著称，并以其回旋曲折的贝壳形曲线和精细纤巧的植物雕刻装饰为主要特征，以纤柔的外凸曲线和弯脚为主要造型基础，在吸收中国漆绘技法的基础上形成了既有中国风味，又有欧洲独自特点的表面装饰技法，是家居历史上装饰艺术的最高形式。

07 新古典主义时期（18世纪末~19世纪上半期）

新古典主义装饰艺术是历史上最成功的也是最大的一次复古活动，以复兴古希腊、古罗马的艺术为起源，形成了遍及18世纪欧洲各国的新古典主义风格。以其庄重、典雅、实用的古典主格调代替了华丽且具有浓厚脂粉气息的洛可可风格。综合来看，新古典主义风格可以说是欧洲古典风格中最为杰出的艺术表现形式，首先它的装饰和造型中的直线应用，为工业化批量生产家具奠定了基础；另外还具有结构上的合理性和使用上的舒适性，而且还具有高雅而不做作、抒情而不轻佻的特点，是历史上吸收、应用和发扬古典文化，古为今用的典范，也是目前世界范围内仿古市场中最受欢迎的一类古典形式。

拓展知识

简欧风格与新古典主义风格的渊源

从狭义上说，新古典主义是在欧式风格中加入了更多的现代元素与奢华元素，而简欧风格则是简化了的融入了现代装饰元素的欧式风格，范围更加广泛。新古典主义风格相较于简欧风格更显精致，造价上也更为昂贵。但从广义的角度来说，两种装饰风格均是从欧式古典主义风格中演化而来，是经过改良的欧式风格。两种设计风格在一定程度上有着类似之处，如均吸收了欧洲文化传统的历史痕迹与浑厚的文化底蕴，一方面保留了材质、色彩的大致风格，同时又摒弃了过于复杂的肌理和装饰，简化了线条。因此，在室内设计中，一般涉及两种风格时，可以取其广义概念，并行而谈。同时，简欧风格的说法在国内也更为普遍。

▲ 狭义上的新古典主义风格

▲ 狭义上的简欧风格

❧ 欧式建筑与对风格演变的影响

　　任何一个伟大历史时期的到来必然会涌现出一批优秀的建筑，这些建筑的构造、形态，在一定程度上影响着一个国家文化、生活等方面的发展。而欧式建筑的发展历程，对其地域所产生出的室内风格的演变，有着不容忽视的作用。

古希腊时期

　　建筑结构特点：古希腊文明时期的室内还没有形成具体的风格特点，但是建筑形式却已经有了自身的特点。这些建筑所具有的特点成了整个欧洲两千多年古典建筑艺术中的基本元素。其基本元素主要包括两种：一种是立柱；另一种是额坊。其中，立柱的主要柱式结构有三种，分别为多立克柱式、爱奥尼柱式、科林斯柱式；而额坊则以三角形为主。

▲ 古希腊时期的柱式结构，在简欧风格的居室中有时会作为界面装饰出现

古希腊时期最具代表性的建筑是希腊雅典的帕特农神庙。帕特农神庙是由一圈立柱围成的长方形空间，正门上方有三角形的额坊，这种造型的建筑是希腊文化时期建筑的最基本特征，也奠定了欧洲古典建筑的雏形。

◀帕特农神庙的设计代表了全希腊建筑艺术的最高水平。从外貌看，它气宇非凡，光彩照人，细部加工也精细无比。帕特农神庙在继承传统的基础上又作了许多创新，事无巨细皆精益求精，由此成为古代建筑最伟大的典范之作

另外，古希腊时期的建筑结构以框架结构、梁结构、拱结构为主，其中框架结构中的柱式、桁架，拱结构中的券、筒形拱、交叉拱顶等，都是古典结构中的经典。这些结构形式有时会被用在简欧风格的家居空间当中，作为点睛之笔。古代希腊人喜欢用桁架建造房子的房梁和天花板，建材常使用木头。桁架之间，通过榫卯或金属销子进行连接。这种有支撑力的结构被研究、进化且一直沿用至今，有多种用途，也有时会被用于较大的室内空间中，给空间增加经典欧式的元素。

▲在如今的简欧风格中，可以把桁架结构简化再加以格栅的形式结合，在吊顶的设计上进行运用

建筑装饰特点：古希腊建筑与装饰都以雕刻的形式出现，且古希腊建筑上的雕刻大多以人为主。大建筑师维特鲁威转述古希腊人的理论："建筑物……必须按照人体各部分的式样制定严格比例。"所以，古希腊建筑的比例与规范，其柱式的外在形体风格完全一致，都以人为尺度，以人体美为其风格的根本依据，其造型可以说是人的风度、形态、容颜、举止美的艺术显现，而它们的比例与规范，则可以说是人体比例、结构规律的形象体现。所以，这些柱式都具有一种生机盎然的崇高美，它们表现了人作为万物之灵的自豪与高贵。古希腊的雕刻艺术有很高的成就，这一时期的创作题材来源于希腊神话、人本主义思想和泛神论的信仰。装饰方面的雕刻纹样有植物、人物、动物、器物、几何、文字等。整个建筑凝聚了雕刻的艺术。而这些比例和纹样的运用也常出现在近代的空间分割、家具等上。

▲帕特农神庙采取八柱的多立克式，东西两面是8根柱子，南北两侧则是17根，东西宽31米，南北长70米。东西两立面（全庙的门面）山墙顶部距离地面19米，也就是说，其立面高与宽的比例为19∶31，接近希腊人喜爱的"黄金分割比"

◀在简欧风格的设计中，黄金比例的概念可以沿用到任何细节设计之中，如墙面不同材料的拼贴以黄金比例（0.618∶1）的形式进行分割，白色板材占整面墙的0.618的份额，使整体感官更加舒适

古希腊前期建材主要为生土和木头，在逐渐发展的过程中，建材也从木材转为石材。此时的住宅通常是两层，以合院为主，而且建筑内的铺装技术也逐渐产生了变化，除了普通大理石铺贴，马赛克的铺贴艺术也有了较高的水准。马赛克的铺贴技术直到现在都在被广泛运用，尤其是在卫生间中，使单调较小的空间变得丰富。

◀卫生间地面用带有几何花纹的砖块做马赛克铺贴，丰富了视觉的变化性

古罗马时期

柱式和拱券的发展：古罗马诗人贺拉斯说过："我们罗马人征服了希腊，可是文化上却被希腊所征服。"罗马受到很多希腊文化的影响，古罗马的建筑艺术是古希腊建筑艺术的继承和发展。古罗马继承了古希腊的三种柱式结构并将其发展成了五种：塔斯干柱式、多立克柱式、爱奥尼柱式、科林斯柱式和组合柱式；主要组合柱式有券柱式、叠柱式和巨柱式。柱式从古至今的发展过程中，逐渐发展成了一种装饰造型。

另外，古罗马建筑最大的贡献是发明了拱券。半圆形的拱券为古罗马建筑的重要特征，到现如今发展出来各种尖形、复式、马蹄形等。在罗马最有名的斗兽场中，可以看到大量拱券和柱式结合的应用。

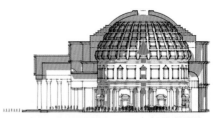

▲ 万神庙，现位于意大利首都罗马圆形广场的北部，是罗马最古老的建筑之一。万神庙采用了希腊门廊和穹顶相结合的形式，是古罗马穹顶建筑的代表作。它是纪念屋大维（也就是奥古斯都）打败安东尼和克利奥帕特拉（传说中的埃及艳后）而建的，是第一个注重内部用途胜于外部装饰的建筑

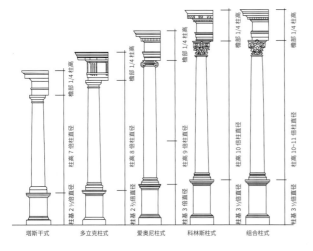

▼ 现今罗马城中仅存三座凯旋门，其中君士坦丁凯旋门是年代最晚的一座，上面保存着罗马帝国各个重要时期的雕刻，是一部生动的罗马雕刻史，相传是巴黎凯旋门的蓝本

住宅空间的变化：在技术的发展下，古罗马时期开始注重公共建筑的建造。在公元 1 世纪发展出了十字拱，可以用柱子支撑。柱子支撑便于开侧窗，解决采光问题，极大地解放了内部空间，同时也促进了平面模数化，促使室内空间从单一变得复杂有序。同时，装饰风格偏于华丽，墙面和地面贴着镶嵌马赛克的大理石板，并且绘有壁画。罗马人把希腊的马赛克地面应用到了墙上，并且进一步发展成了室内墙壁的装饰装修艺术。

▲ 马赛克运用到墙面的形式在引入中国时，在简欧风格中多以更加朴素的色彩的形式出现

公元 4 世纪，天井式的合院住宅已经不能满足罗马人的需求了，公寓式的集合住宅逐渐占据了罗马住宅的大部分。其余的天井住宅虽有遗留，但是天井四周的生活用房改成了杂物处，天井后的正屋变成了穿堂，住宅的组织有了序列，住宅空间的规划逐渐变得有序起来。

▲ 由原本的天井式住宅为主，变成了多层的公寓式住宅为主要建筑

拜占廷时期

宗教对建筑的影响：由于基督教的确立，早期东罗马的教堂形式是仿照古罗马时期的巴西利卡形式建立的，巴西利卡更适合聚众举行仪式，但是在东罗马后期，在集会和教义的需求下，具有向心性质的集中式的形制被认为是适合东正教的。所以拜占廷的建筑发展成就以集中式形制为核心，东正教更需要的是希腊十字式的平面结构（也叫等臂十字）。这也正是拜占廷建筑风格显著的要素之一。

另一要素是集中式的有圆形房顶（穹顶）的建筑。在公元 3 世纪至 7 世纪，萨珊王朝的波斯文化在两河流域拱券技术的基础上发展了穹顶，大多是正方形上加一个穹顶的结合方式。拜占廷建筑创造出在方形平面结构上使用穹顶的形式，也就是帆拱，典型的代表有圣索菲亚大教堂的中央穹顶和威尼斯圣马可大教堂小穹顶。帆拱也逐渐发展往上砌筑鼓座与穹顶，后来帆拱、鼓座和穹顶形成了一套体系式的做法并广泛流行开来。这一方式比起古罗马的穹顶，胜在不需要连续的承重墙，室内空间相对开放自由。帆拱也更加契合集中式的形制，在平面和立面上都强调了集中式的构图，更加符合东正教的需求。这种帆拱的形式很难运用在室内，一般会体现在许多商业建筑或者宗教建筑当中。

▲ 帆拱示意图

▲ 圣索菲亚大教堂采用集中式和圆顶的方式，空间内请数学工程师们发明出以拱门、扶壁、小圆顶等设计来支撑和分担穹隆重量的建筑方式，以便在窗间壁上安置又高又圆的圆顶，让人仰望天界的美好与神圣。教堂内部的装饰，除了各种雕刻之外，也包括运用有色大理石镶成的马赛克拼图

室内装饰的发展：建筑材料从古罗马的混凝土发展到了以砖为主，砌筑后在砖表面进行装饰。在宗教盛行和独特时代特点的影响下，室内装饰较为华丽，色彩相对丰富。室内主要通过玻璃马赛克和粉画装饰，内容题材以宗教为主。古罗马把地面马赛克发展到墙面，而拜占廷时期则把马赛克的做法发展到了屋顶上。马赛克画大多使用小块的彩色玻璃拼接而成，有些重要的建筑物的马赛克会采用贴金箔的玻璃块。这种马赛克画有时也被用于简欧风格的墙面上做装饰画。

▲ 威尼斯圣马可大教堂内部的马赛克镶嵌画，在穹顶上大面积使用金箔和粉画

▲ 在简欧风格的卫浴墙面，常见利用马赛克拼贴的装饰画，用以凸显欧式古典元素的沿用与变形

西欧中世纪时期

罗曼式建筑特点：在西欧发展时期，欧洲基督教流行地区有一种建筑风格，叫罗曼式也叫罗马式，或是仿罗马式风格，以采用了古罗马式的券、拱而得名。在基督教的盛行下，教会有了越来越多的权利和金钱，教堂是中世纪时

▲ 意大利使用粗石砌筑的圣维托雷阿勒修道院，有一种典型的城堡感

期很重要的文化特征，罗曼式建筑就是其中的一种，它算是大火的哥特式建筑的前身，所以被归为一种过渡建筑类型。罗曼式建筑美学观点中强调明暗对照法（让光线从寥若晨星的小孔照射进来），给后世的建筑带来了不小的影响，常被用在教堂或公共建筑中，达到神圣、幽静的效果。

▲ 比萨教堂是罗马式建筑最好的代表，从它身上可以找到所有罗马式建筑的特点

▲ 比萨教堂最主要的特点是拉丁十字平面，其次是拱形穹顶（和拜占廷一样是半圆穹顶），仿古罗马的样式。现在可以看到拱券是半圆形的，而后来中厅愈来愈高，最后演变成了哥特教堂独特的尖形拱券

罗曼式建筑内部装饰特点：罗曼式建筑以教堂为主，教堂的内部装饰主要使用马赛克和壁画完成，色彩华丽。9 世纪到 10 世纪只有教堂的圣坛装饰比较华丽，其他地方都很简洁。在 10 世纪之后工匠的参与使得整个建筑面貌变得更精致，风格也开始转向世俗化。工匠对美的追求体现在对建筑细部的处理上，特别是在门窗的处理上加入了成排的八字线脚。而这种门窗的处理，在后世的简欧风格中被简化处理并运用。

▲ 巴黎圣母院的内部装饰偏向世俗化

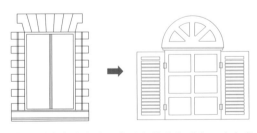

▲ 八字线脚的形式在演变过程中融合其他的形式，演变成更多的窗户形式，较常见的为拱形窗，在古典欧式风格和简欧风格中常用这种形式的窗户

哥特式建筑特点：哥特式建筑出现于天主教成为西欧的唯一宗教的时期，绝对的权力带来了绝对的腐败，导致神权大于皇权的现象出现。天主教提出了万民四末的理论，即人生最后要面临的四件事，死亡、审判、天堂、地狱。因此，当时的人们为了把教堂建得更高，更加接近上帝，抛弃了希腊式、罗马式，将圆顶改为尖顶就是为了更高。为了建筑更高，发明了飞扶顶。教徒为了神说有光，就发明了百叶窗，玻璃减轻了建筑的重量，可以建得更高。由于当时百姓不识字，为了教化百姓，采用了以蓝色、红色为主的玻璃拼出一幅幅圣经故事。因此，哥特式建筑的特色包括尖形拱门、肋状拱顶与飞拱。这种拱门的形式在欧式风格或简欧风格小别墅中常有体现。

▲ 米兰大教堂的尖顶以及尖形拱门充分体现了哥特式建筑的特点

▲ 玫瑰花窗

哥特式建筑内部装饰特点：哥特式建筑的窗户面积很大，夹在骨架之间，很少有墙面，因而有了大面积的窗户空间来发挥，做彩色的马赛克玻璃，用玻璃讲述圣经中的故事，来教化教徒。在窗户的装饰设计上，一方面受原材料和技术的影响，当时生产的只有彩色玻璃；另一方面是拜占廷帝国时期对玻璃马赛克的应用，启发了工匠把彩色玻璃变成有关宗教的图画。在技术的发展下，玻璃的色调虽难以统一，但是风格变化更加多样，玻璃更加透明，可以直接在玻璃上进行装饰绘画。由于哥特式本身的结构特点很难和古希腊、古罗马的古典因素融合，因此形成了玫瑰花窗等哥特式特有的装饰。这种花窗的形式很难运用在现代的高楼大厦中，逐渐变成了装饰画的形式之一。

文艺复兴时期

府邸建筑的发展：在文艺复兴晚期，建筑出现了两种形式主义的倾向，一是比较刻板的追随古典文化，比如圣安德烈教堂，平面为长方形，穹顶是椭圆，柱式的使用比较冷淡；另一种是手法主义，追求新颖精巧，造型上用一些比较夸张、不合逻辑并堆砌装饰的手法，比如罗马的美第奇府邸和梵蒂冈花园里的教皇庇护四世别墅。

15世纪中叶开始阶级分化严重，越来越多的建筑转向为宫廷贵族服务，设计出豪华的府邸，例如美第奇府邸。这个时期的府邸气势盛气凌人，很多府邸比较典型，有横竖两种轴线，利用重叠的券柱式，比例适当，是后期建筑形式的模仿对象。室内设计也都是按照外立面的风格所做，有些艺术家例如米开朗基罗，将其浪漫气质体现在对艺术的古典原则的突破，给了巴洛克艺术家灵感和启迪，被称为"巴洛克的先驱"。这种穿插着曲面和椭圆形的设计方式对后世产生了深远的影响。

室内装饰特点：在文艺复兴时期，室内空间的分割更加功能化，分为门廊、走廊、复式格局和共享空间。空间内的构件也有了一定的变化。室内装饰把古希腊和古罗马具有结构意义的柱子改成装饰性的壁柱，壁柱的形式多样，包括方形、圆形等，底部大多使用粗糙的石料，在门窗上也出现了这种形式。将开窗尺度增大，为室内引入了更多的自然光，使室内的色彩更加明亮。还发展出了壁炉这种既可以用于装饰又能采暖的构件。壁龛装饰多用柱式和山花组合，并贴着大理石饰面。雕刻模仿古希腊、古罗马时期的材质和部分内容，在原本石质的基础上加入了木质的元素，内容主要是人物、动物、古希腊人物故事。

▲ 美第奇府邸外立面用粗糙的大理石砌筑而显得沉闷，但砌筑的施工工艺相对精致，内院处理得比较轻快

▼ 这种假壁炉的装饰形式在简欧风格中十分流行

巴洛克时期

　　巴洛克建筑特点：巴洛克建筑起源于 17 世纪的意大利，将原本罗马人文主义的文艺复兴建筑添上新的华丽、夸张及雕刻风气，彰显出国家与教会的专制主义的丰功伟业。此新式建筑着重于色彩、光影、雕塑性与强烈的巴洛克特色。

　　巴洛克时期的教堂、宫殿及宅邸建筑具有一个共同的突出特点就是动势感，即用曲线形式给建筑以动感。巴洛克建筑师把建筑物墙体的造型处理成波状起伏的立面，甚至圆柱也是波动的螺旋形状。教堂几乎都是穹窿式屋顶，而支撑拱顶的墙体上设置了巨大的涡卷形状扶壁，与宽厚的建筑端部和狭窄的圆穹顶廓浑然一体。这种巨大复杂而又庄严的涡卷纹装饰，是巴洛克建筑和家居文化艺术的最直接的方法。而这些曲线的建筑装饰也被简化处理，放在简欧风格的家居环境中。灵感和启迪，被称为"巴洛克的先驱"。这种穿插着曲面和椭圆形的设计方式对后世产生了深远的影响。

▶巴洛克时期的顶面花纹复杂且以金色为主，但在现代的简欧风格中被简化了花纹，且色彩一般都是白色，整体而言很是淡雅

巴洛克建筑的另一个特点是建筑与雕塑相融合，形成一种庄严豪华、富丽堂皇的效果。建筑物在某种程度上就是一尊大型雕像。建筑物上的圆穹顶、波动性墙立面、突出墙面的圆柱、扶壁柱、人像柱、纪念物雕饰和三角楣等本身就是一个雕塑，甚至建筑室内的连环拱廊柱都是用雕刻的人物来支撑屋顶。这种建筑与雕塑艺术形式交相融会的巴洛克艺术特征，在巴洛克式家具风格特征中也有明显的表现。

◀贝尼尼是巴洛克时期最杰出的艺术大师，他的代表作品圣彼得大教堂外观宏伟壮丽，大门处做中线对称，内部呈十字架的形状，高大的石柱和墙壁、拱形的殿顶，到处是色彩艳丽的图案、栩栩如生的塑像、精美细致的浮雕

▼将巴洛克建筑的特点沿用到室内设计中，可以利用现代壁龛融合建筑外立面的结构形式和作为装饰的雕刻，来凸显出巴洛克风格的特点

室内装饰特点：巴洛克室内装饰风格多变、动感、豪华，集绘画、雕塑、工艺于装饰和陈设艺术之中，壁画和雕刻也被大量用来装饰空间。壁画的特点是用透视法制造空间幻觉来达到某种空间形式的营造，用色大胆鲜艳，多用红色、金色、蓝色，绘画不受幅面的束缚，构图方面动感、扭曲、夸张。而雕刻的特点则是构图偏向随意，不精心安排，与绘画结合，直接把画的内容刻成雕塑，动势较强，并且把雕刻融到了建筑里。跟文艺复兴时期不同，绘画和雕塑的地位从普通的装饰上升到了艺术品的位置。装饰线大多是曲线，充满着动感，在装饰上也追求跃动型的装饰样式，以烘托宏大、生动、热情、奔放的艺术效果。

▲ 罗马耶稣教会的穹顶上布满了雕刻和装饰线，充满着动感

▲ 发展到后期的巴洛克风格的室内设计，家具上会沿用雕刻繁复的兽腿家具，此种家具充满了动感

▲ 如今的简欧风格设计中，也常会选用少量雕刻精美的兽腿家具进行装点，将动感设计演绎到极致

洛可可时期

洛可可风格的特点：洛可可风格是巴洛克风格的后期表现，与其说是一种建筑形式，不如说是种室内装饰艺术。洛可可比巴洛克更加辉煌，但却少了一分巴洛克的张扬，多了一分女人的细腻。洛可可风格把巴洛克装饰推向了极致，为的是能够创造出一种超越真实的、梦幻般的空间。建筑师的创造力不是用于构造新的空间模式，也不是为了解决一个新的建筑技术问题，而是研究如何才能创造出更为华丽繁复的装饰效果。这种风格在反对僵化的古典形式、追求自由奔放的格调和表达世俗情趣等方面起了重要作用，对城市广场、园林艺术以至文学艺术领域都产生影响，一度在欧洲广泛流行。在发展过程中，这种形式主义逐渐被功能主义取代，但是其中的很多装饰被改良、研究并沿用了下来。

▲ 凡尔赛宫的室内装饰大多用金色，呈现出金碧辉煌、华丽的效果

▲ 这种金色元素一直被沿用至今，但是在简欧风格的设计中做了简化，适当的使用给空间增加了优雅的气息

府邸建筑的发展：洛可可时期府邸建筑偏重宜居性，注重室内舒适、温馨、轻松、优雅氛围的营造。为适应这个时期娇柔细腻的风格，许多空间的形式都做了调整，比如客厅和起居室代替了沙龙，连凡尔赛宫里的一些大厅也被改为多个小厅。而且洛可可时期的府邸房间很少是方方正正的，平面基本都是圆角和椭圆形。例如 1732 年建的马蒂尼翁（Matignon）府邸，采用轴线布局。但这种形式仅仅是从形体方面考虑的，没有功能排列的需要，所以即使功能处理比

▲ 马蒂尼翁府邸上面展现了洛可可时期圆角、椭圆形的平面特征

起前面的时期有了进步，与平面空间的对应关系仍然是有矛盾的，建筑整体的功能性和美观性之间的问题还有待处理。

室内装饰特点：洛可可风格的室内装饰常用不对称的设计手法，与古典主义提倡的简单与理性相反，装饰题材贴近自然，空间整体线条以曲线为主。线脚处理与墙面图案的曲线感相似，大多用弧形和 S 形，比如门槛、窗框、镜子边框上的线脚直接用曲线。以抽象的火焰形、叶形或贝壳形的花纹、不对称花边和曲线构图，展现整齐而生动的、神奇的形式。

▲ 无忧宫内细腻、繁杂的纹样无处不在

▲ 在简欧风格的设计中，纹样则多作为装饰线存在，如本案中带有复杂的纹样护墙板为墙面增加纹理感，但白色调的运用则为空间平添了几分静雅，不显冗繁

清朝时期，海外贸易的发达使中国的艺术传入了欧洲。中国瓷器制造在这个时候达到了顶峰，瓷器和上面的纹样也给了洛可可风格装饰很多灵感。除了纹样，中式建筑及设计中的一些其他元素，也对洛可可风格中的室内设计及家具、装饰带来了设计上的灵感来源，有些庭院设计受到了中国风格的影响。同时，这些设计形态也慢慢地渗透到如今的简欧风格之中。

雍正青花戏珠龙纹尊

▲ 雍正时期陶瓷上的"一"字云纹呈图案式，以简化了的"云头"和云纹结构组合，呈现出简洁的特征

▲ 在如今简欧风格的设计中，云纹图案也被沿用了下来，并在原有形式的基础上有所改良、演变

▲ 将中国的佛像融入台灯的设计之中，形成中西合璧的设计特色

在色彩方面，相比起巴洛克带着丰富强烈的原色和暗沉色调，洛可可崇尚柔和的浅色和粉色调。有时候天花和墙面连成的弧形转角处画有壁画，粉刷的颜色喜用浅色调，比如嫩绿、粉红、玫瑰红，线脚一般是金色的，顶棚上画着蓝天白云。此时，绘画开始大量出现，其次是雕塑。绘画摆脱了原先的宗教题材，转向人物肖像以及一些自然风景的题材。在材料方面，从大理石过渡到了木板。大理石冰冷且缺少亲近感，不符合需要柔和、优雅质感的洛可可的需求。

▲凡尔赛宫室内的配色绮丽、柔靡，极具女性主义的特点，同时运用了大量的绘画作品作为室内的装点

▲凡尔赛宫的室内装饰大多用金色，呈现出金碧辉煌、华丽的效果

新古典主义时期

新古典主义的建筑特点：新古典主义提倡复兴古希腊、古罗马的艺术，反对巴洛克和洛可可艺术。新古典主义风格一方面传承古典的形式，认为建筑应该规整稳重，主要发展应用古罗马的五柱式；另一方面它已经吸收了各国的发展与特色，是思想碰撞的结晶，在保持其核心思想的前提下展现多样的形式。

在建筑方面，最为著名的是杰弗逊设计的弗吉尼亚大学校园和法国的"巴黎万神庙"。弗吉尼亚大学代表了战后美国官方建筑的主要思潮，建筑风格庄重精美，吸取古典建筑的传统构图作为其特色，比例工整严谨，造型简洁轻快，运用传统美学法则，使现代的材料和结构产生端庄、典雅的美感，以神似代替形似。

巴黎先贤祠即"巴黎万神庙"，以古罗马时期的万神庙为设计榜样与思想源泉，建筑平面成希腊十字形，长 100 米、宽 84 米，高 83 米。其设计非常大胆，柱细墙薄，加上部巨大的采光窗和雕饰精美的柱头，室内空间显得非常轻快优雅。巍峨的圆顶笼罩了整座建筑，十字交叉点上方是透光的大穹顶，与下方的地砖陈设相互呼应。大穹顶的前后左右是四个带帆拱的扁平穹顶，其上的大型壁画是画家安托万·格罗特创造的。建筑的正面仿照罗马万神庙（Pantheon 即"万神庙"之意，故而有人称先贤祠为巴黎万神庙）。上部做采光窗的方式也延续至今，虽在中国不常见，但部分空间足够的简欧风格小别墅里会用到这种设计形式，会让空间显得更加通透明亮。

◀巴黎先贤祠的形体简洁朴实，内部空间以简约大气为主，简化了洛可可时期的大部分装饰结构

新古典主义的"新"：新古典主义虽说是主张向古典艺术学习，但并不是一味地模仿，在其古典的基础上也有"新"的部分。"新"在于借用古代英雄主义题材和表现形式，直接描绘现实斗争中的重大事件和英雄人物，紧密配合现实斗争，直接为资产阶级夺取政权和巩固政权服务，具有鲜明的现实主义倾向。而这种故事性的题材一般体现在雕刻方面，在"巴黎万神庙"中，檐壁上刻有著名的题词："献给伟大的人们，祖国感谢你们。"山墙壁面上有著名雕刻家 P.J.大卫·当热的大型寓意浮雕：中央台上站着代表"祖国"的女神，正把花冠分赠给左右的伟人；"自由"和"历史"分坐两边。这件作于 1831 年的浮雕是大卫最重要的作品之一。

▲ 巴黎先贤祠穹顶上的浅浮雕

以法国为例，室内的雕塑题材大多是法国大革命时期的一些场景。例如雄狮凯旋门，体量很大，构图十分简单，可以理解为经典的三段式，檐部、墙身和基座。檐部处理得比较细致，墙上的浮雕主要以拿破仑盛世和战争为题材，形体以方形为主，具有理性的美。与巴洛克的深雕刻截然不同的是新古典主义以浅浮雕来表现这些题材。而这种浅浮雕的形式更多地被装饰画或者装饰线这种方便、工期快的形式所代替。

室内装饰特点：新古典主义在室内造型设计上不是仿古，也不是复古，而是追求神似，用简化的手法、现代的材料和加工技术去追求传统式样的大致轮廓特点。通过改良，装饰更加简洁，更多地采用直线和几何形式，去除了线条上过多的繁杂装饰，但保留了部分细节，避免过多的细节堆杂以至于失去了重点。在选择家具和配饰方面，通常会选择典雅、唯美、精巧、平和的风格，彰显空间主人的身份；而壁炉、水晶宫灯、罗马柱作为常用的装饰元素，也是新古典风格中的亮点。

▲ 水晶灯和装饰线的元素在简欧风格的设计中仍然在被使用

　　色彩方面，以白色、金色和暗红作为常见的主色调，大量的白色使空间看起来明亮而淡雅，加入金色和暗红使空间稍显低调而浓重，内部空间也可以加入少量其他颜色作为点缀，配色多变，整体氛围保持优雅尊贵。新古典主义本身就是文化碰撞而产生的，具有开放性，因而在装饰上也秉持着宽容的姿态，也会使用巴洛克和洛可可风格中独具特点的线条、色彩、纹样等。也因此，新古典主义风格更具有多样性，可浓可淡，多加白色则淡，多用金色和暗红就浓，若是加上洛可可或巴洛克的简化金属装饰纹样，便显得尊贵雍容，若是配上现代化的皮制品，则优雅非凡。新古典主义的多元化和可伸缩性是其最为个性化的独特之处。而且新古典主义是简欧风格借鉴最多的一种风格，跟其他欧式风格相比，也是最为适合中国的一种形式。

▶ 简欧风格也在借用新古典主义以白色为主、暗红色为辅的配色方式

▲ 白色加上金属配上少量的黑色，尽显奢华感

拓展知识

简欧风格引用到国内所做的改变

更符合国人的居住习惯：东西方文化不同，发展过程也不尽相同，这也就造成了国家之间有着许多不同的居住习惯。欧洲国家普遍比较注重隐私方面的保护，且空间的区分更加细化。从平均数值来讲，欧洲国家的居住面积要大于中国普通居民的居住面积，也正因如此，古典欧式繁复的装饰和浓烈的色彩结构不适合大多国内居住空间的实际情况。因此，欧式风格在引进中国的过程中，设计师选择了更贴近国人需求的简欧风格，其简单的装饰方式和结构，能够在一定程度上放大空间，减少拥挤感，空间的适用性也更强。

▲ 简欧风格的造型和线条运用均比较简化，因此面积不大的空间中进行此种风格的设计，也不会显得过于逼仄

更符合国人的审美体现：相对比拥有浓厚欧洲风味的古典欧式装修风格，简欧风格更为清新，也更符合中国人内敛的审美观念。简欧风格的色彩设计高雅、唯美，多以淡雅色彩为主，白色、象牙白、米黄色、淡蓝色等是比较常见的主色，以浅色为主深色为辅的搭配方式最为常用；同时，常用古典、沉稳的配色方式来替代浓烈的色彩体现，这样的设计更能凸显空间感。

▲ 在远处的窗户处使用颜色稍深的咖啡色，让餐厅更有空间感

▲ 保留一些欧式风格中浓烈的色彩，如橘色，做点缀，但空间整体以暖灰色为主，减少空间的拥挤感

二、设计理念

❧ 古为今用，以人为本

简欧风格是一种多元化的思考方式，将怀古的浪漫情怀与现代人对生活的需求相结合，兼容华贵典雅与时尚现代，反映出后工业时代个性化的美学观点和文化品位。在传统的欧式古典风格中，常利用大量自然材质进行装饰，不论是顶面木质的角线、还是地面大理石的拼花地砖，都无时无刻不在冲击着居住者的眼球，给予视觉上的震撼感受。但在简欧风格中，设计常以简单大气为主，虽然在有些地方还是能够看到较华丽的装饰和石膏线条，但整体上更多是以简洁线条搭配有质感的装饰，满足人们对宁静放松环境的需求，强调人与空间环境的和谐关系。

▲ 古典欧式风格无论空间界面，还是软装配饰的运用均较为烦琐

▲ 简欧风格的设计则将原本古典欧式风格中常出现的复杂装饰线进行了取舍，保留一部分植物纹样和直线，进行简单又具有美感的造型设计；中间柜体运用了一些建筑中柱式的元素，以整体简单、局部复杂的设计方式，更好地展现出空间和谐、舒适，又具有欧式特点的设计形式

❀ 形散神聚，融会贯通

　　简欧风格是糅合风格的典型代表，但这并不意味着其设计可以任意使用现代元素，更不是现代与古典风格及其产品的堆砌。简欧风格在注重装饰效果的同时，用现代的手法和材质还原古典气质，并通过对古典欧式风格中色彩、造型和纹饰的借鉴，将古典欧式的室内特点融会贯通地运用到当代居室内，虽然整体氛围充满了现代感，但在细节之中却融入了古典韵味，这便是简欧风格追求的"形散神聚"。

罗马天主教堂

▲ 欧洲古建筑室内的设计给人以富丽华贵感，虽然只有简单的两种色彩组合，却能有满满的华美精致的感觉

▲ 欧式古典风格在整体的色彩上也不会有过多组合，金色和白色最能体现奢华感，再搭配上雕花精致的家具和复杂设计的界面造型，还原出传统欧式的华贵

▲ 依旧是金色与白色的组合表现着奢华感，但在造型上简化了复杂的设计，突出简洁干净的现代感

苏比斯府邸

▲ 欧洲古典建筑常会使用罗马柱来表现恢宏的气势

▲ 欧式古典风格在空间中也会使用到简化的罗马柱，非常能够展现出大气之感

▲ 简欧风格将罗马柱融合到墙面的设计之中，两边突出的结构带着罗马柱的装饰效果，使客厅立马变得奢华起来

❈ 不仿古不复古，以"意"显"形"

简欧风格的精华来自古典主义，但不是仿古更不是复古，而是追求神似，以古典的"意"去彰显现代的"形"。简单来说，是用现代手法去诠释古典精神，表达传统文化的意境。例如，简欧风格可以在整体空间氛围上传达出源自古典欧式优雅、浪漫的基调，但选择性地简化空间线条、色彩，或选择装饰简化的家具、装饰等。

▶ 将古典欧式风格中烦琐的家具形式和墙面装饰简约化，但保留了复古的色彩，既对古典欧式进行了色彩上的传承，又利用现代设计手法来体现简欧风格的精髓

▲ 摒弃了古典欧式风格中复杂的造型设计，但在装饰线和拱门上做了造型，沙发等家具的结构和材质都偏向简约风格，营造出简约大气、舒适自然的氛围

❀ 高雅和谐，精雕细琢

　　高雅、和谐是简欧风格的代名词。例如，在色彩的运用上，简欧风格的居室往往比较明亮、大方，整个空间给人以开放、宽容的非凡气度，令人丝毫不显局促。再如，家具的选择上，既保留了传统材质和色彩的大致风格，又摒弃了过于复杂的肌理和装饰，简化了线条，但镶花和刻金都给人一丝不苟的印象。

▲ 用简单的装饰线，搭配金色边框的装饰画和茶几，显得复古有格调的同时又具有现代感；空间的色彩搭配也比较简洁，大面积灰色调的使用保证了空间的素雅，间或出现的蓝色系点缀则使空间显得冷静、利落

▲ 家居配色清新、淡雅；家具的选用将现代与古典相结合，沙发、茶几等家具为现代款式，边几造型则为雕花精美的古典款式

三、风格特点

❋ 对古典欧式的继承与创新

　　传统欧式风格强调华丽的装饰、精美复杂的造型和奢华大气的氛围，材料的运用讲究，追求华贵气派、典雅厚重的气质。而简欧风格一方面保留了传统欧式浓厚的文化气息，在材料和色彩上保留传统风格特征，以此突出强烈的欧式感；另一方面又摒弃了过于繁复的肌理和装饰，简化了许多烦琐的花纹，更加追求功能上的实用而不只是外表上的华丽。

▶ 空间的选材、色彩保留了古典欧式追求品质、复古的特点，且在吊顶做了造型；但家具的选用十分简洁，更注重人体工学，强调使用的舒适性

❋ 强调功能与形式的统一

　　简欧风格对欧式古典风格进行了延续和传承。古典欧式风格是强调为贵族服务的。中世纪时期贵族留恋手工业生产的奢华细腻，注重形式与视觉冲击。可是在强调功能的现在，这种只注重形式主义的方式已经不适用了。跟原本以扭曲动荡的华丽的复线为主要表现形式的古典欧式风格相比，简欧风格则把侧重点放在了"功能"上，遵循沙利文提出的"形式服从功能"的现代主义精髓，强调功能与形式的统一，把重心放在探索如何满足人的心理和生理需求上，将现代主义设计思想和古典文化精髓融合，产生了一种富有人情味的设计美学风格。

▲ 空间更加注重功能性，去掉欧式风格中只注重形式的硬装装饰，用适当的软装饰做点缀，丰富空间

▶ 只用装饰线做简单的空间装饰，其他家具和硬装都以功能性为主

❋ 古典与现代的双重结合

　　简欧风格在注重室内实用功能的前提下，用现代的审美习惯还原了古典气质，结合了古典和现代的双重审美效果。墙面使用浅色调纯色或者带有欧式花纹的壁纸，用石膏线勾勒出天花板的轮廓，用不同的石材做地面拼花，或者是实木地板配合以乳白色、金色、棕色等色调为主的组合家具等，运用多种形式，从整体到局部、从家具到陈设、从空间到界面，把古典与现代都协调到极致，以此来满足现代人对生活的需求。

客厅

餐厅

卧室

厨房

▲ 本套案例在硬装的界面设计上，大量运用欧式石膏线与石膏板来凸显古典欧式的奢华，但家具的选择均比较现代化，造型简洁、线条利落，将古典美与现代美进行了很好的结合设计

❧ 兼容性更强的设计形式

　　简欧风格的设计只需要有一些欧式装修符号在空间中进行呈现即可。因此，简欧风格其实是兼容性非常强的设计形式。例如在简欧风格的空间架构中，把家具和装饰换掉，可以瞬间变成现代风格，也可以变成中式风格，总之能做到空间的千变万化。

▲ 本案设计选用简化了线条的欧式家具来凸显风格特征，但色彩和界面造型的融合度均较高，若将家具更换为现代风格，则空间的整体风格也会产生变化

▲ 例如将左图墙面中的酒红色进行沿用，但家具和灯饰等均选择造型现代的款式，则空间的风格也随之改变

第二章 ❀

简欧风格的设计表现因素

简欧风格中的设计表现因素主要取材于欧式风格，将古典欧式元素进行改良和创新，既保留了欧式特色，又符合国人的审美和空间需求。在具体设计时，可以从线条、造型、色彩、装饰纹样以及材料这几个方面，从传统欧式元素中提取设计灵感。

一、线条与造型

❋ 几何立体装饰线

从古希腊时期开始，人们就使用装饰线来装点空间了，虽然还没有形成一定的规律和名字，但这种细节上的处理延续了下来，也用在了空间的方方面面。在古罗马时期就可以看见室内设计中有明显的装饰线结构了，沿着建筑的内部框架，白色且带有线条感的装饰线为简单的空间增加了节奏感。到了中世纪时期，宗教建筑不仅将几何立体装饰线运用在了建筑结构中，而且当作装饰运用在了墙面上，形式造型较复杂且密集，几乎贯穿了各个时期的欧洲室内装饰。

这种装饰线的设计一直沿用至今，在简欧风格的居室中经常会看见装饰线被用在空间的各个部位，最为常见的位置是在顶面和墙面的交接处。同时，整面墙上连接成不同大小几何形的装饰线也很常见。另外，这种几何立体的装饰线也被用在了欧式门的设计中，既体现了欧式风格的韵味，又带着简洁大气。

▲ 形式多样的简欧风格门，只用几个装饰线将门分隔，简洁而大方

▲ 家具等都以简洁大方的造型体现在空间中，适当地在墙与顶之间加入复杂的装饰线来丰富空间，给空间增添欧式风情

▲ 墙面上大小不一的几何形装饰线对客厅空间进行了装点，与松软的沙发形成对比，给空间增加了层次感

垂直向上的线条

垂直向上的线条来源于哥特式建筑。哥特的精神象征着神的秩序与天堂的向往，因此在室内空间中充满韵律感的垂直线条通过高耸的中庭向天空飞升，体现出对于神权的尊崇。这些垂直向上的线条表现在当时的室内设计中，主要体现在集束柱、共享中厅以及无处不在的细节当中。现今的简欧风格室内设计，将垂直向上的线条设计手法进行了保留与沿用。这种利落的线条同样符合当今人们对于简约生活的青睐与追求，并且与现代装饰理念相吻合。

▲ 哥特建筑的共享中厅高度都在30米以上，但是宽度不宽，使得内部空间又高又狭窄

▲ 建筑内部的柱式出现了一定的变化，柱头渐渐消失，由单支的圆形柱变成了一束攒在一起的小柱，即集束柱

▶ 餐厅墙面的设计虽然简单，但又拥有着让人不能忽视的装饰效果。优雅的石膏线装饰恰到好处地修饰着空白的墙面。直线条的餐桌与曲线造型的餐椅，形成带有简约感的小资情调

▶ 空间的整体线条都是爽快的直线条，从顶面的直线条灯带到墙面的金属装饰直线条，再到地面的直线条图案，体现出利落的空间氛围

❋ 断裂与扭曲的线条

断裂与扭曲是巴洛克风格典型的设计元素。巴洛克摒弃静态美学，追求戏剧性效果，表现内部张力。在室内设计中常用各种曲线、断裂效果和复杂的线脚进行装饰，善用完美的曲线和精益求精的细节处理，带来豪华、大气的氛围。这种大量的曲线使用对空间面积的要求较高，发展到简欧风格的室内设计中，虽然简化了线条造型，但依然保留了曲线的运用，并以更加简单的方式运用到家具、摆件或顶面造型之中，不会占去视线重点，而是在不知不觉之中平衡掉欧式家具的厚重感，保留下轻盈与优雅。

圣地亚哥大教堂

▲ 古建筑中的曲线造型多出现在结构以及装饰纹饰上

▲ 欧式古典风格不仅在界面设计上多运用曲线线条，在家具、布艺、灯具甚至图案上，都喜用有圆润线条的曲线

▲ 简欧风格保留了一部分的曲线线条，将其运用在家具和工艺摆件上，这样不会增加空间的压抑感

❀ 轻薄、纤细的线条

　　轻薄、纤细的线条来源于洛可可风格。与巴洛克相反，洛可可风格不喜欢强烈的体积感，而是追求细致、精美的娇柔线条。室内设计排斥使用建筑母题，一般不使用壁柱或山花，而是改为运用镶板和镜子，四周用细致而复杂的边框围绕起来。家具的造型也遵循了灵动线条的体现。此种设计形态，在简欧风格中得到了延续，在墙面的设计中甚至照搬壁板加装饰镜的设计方式，家具的选用上也有所延续。

无忧宫内部装饰

▲ 古建筑中追求细致、精美的线条，多处使用带有精美纹饰的镜子以及带有图画的镶板，家具也偏向精巧，整个空间处处充满着精致和奢华的气息

▲ 简洁的墙板上加入富有造型感的装饰镜，不仅在一定程度上有扩大空间的效果，同时也给空间带来了足够的装饰

❋ 拱形造型

　　古罗马时期拱券技术的发展使圆形顶的建筑逐渐兴起，与圆顶搭配更加和谐的一些拱形结构也随之兴起。这些拱形门窗为传统的方形门窗提供了更多灵感，并逐渐在欧洲流传下去，变成了一种具有欧式特色的门窗造型。在不断发展的过程中，由于受到宗教以及皇权等的影响，这种拱形门窗的装饰也更加丰富多样，例如一些雕刻纹样在门窗框上的运用，以及伪柱式的框结构等。

▲ 白色装饰线与纹样结合
的窗框是最常见的一种窗
框结构

▲ 随着不同时期建筑的特点的变化，
窗框也随之发生了一定的改变，例如
一些门楣的使用和纹样的变化

▲ 这种拱形的造型在运用在空间中时和带有曲线造型的窗框结合，让窗户成为空间造型的一大亮点

✤ 仿柱式框结构

　　柱式是古典欧式的经典元素之一，从古希腊开始流传至今，是欧式风格中十分常见的一种形式。但是在欧式风格进入中国市场时，因为空间大小等因素，简欧风格更加符合国人的需求，因此设计师不能将柱式结构直接照搬到空间中，就在不同柱式的基础上，将其丰富的造型融入门窗当中，将柱式结构作为门框或窗框，这样简单的设计增加了门窗造型的特色，使门窗更有欧式风格的辨识度。整体空间以简约大气的氛围为主，在门窗等局部位置加入一些典型的欧式元素，会让空间更加丰富，也更有其独特的风味。

▲ 将仿柱式框结构运用到门框的设计中，表现出对古典元素的承袭；并在不改变简欧风格追求简洁、高雅的基础上，增加欧式古典元素的再现

二、色彩体现

❧ 古文明时期的色彩延伸

简欧风格延续了古文明时期的色彩，仍然以纯正的欧式古典色彩为根基。彼时的色彩在技术的限制下，大多以蓝色、白色、金色、红色、绿色和黑色为主，都是一些基本色，颜色相对来讲较为单一。因此，古文明时期的家居色彩以浅色为主，多用白色、红色、金色，辅以少量的黑色；家具主要以木材为主要材料，颜色偏厚重的棕色，使家居风格更加端庄典雅；配置的饰品、五金件等以金色的物品居多，凸显空间的豪华大气。

简欧风格在吸收古典欧式的材质、色彩的大体感觉外，还增加了许多颜色，例如乳白色、黄色系、咖啡色系等此类调和而成的颜色，有些是提取而成，有些是工业化产生，这是人类多年来技术进步的证明。

▲ 空间以白色和暖灰色为主，加上色调偏灰的绿色做点缀，为沉稳的空间增加色彩的同时也不会过于抢眼

❧ 对于权力色彩的继承

天然颜料与化工颜料的分类：欧洲 18 世纪的颜色分类相较古文明时期更加丰富，但是技术方面还是有一定的限制，一部分颜料来自天然原料，一部分是化工的产物。

分类	颜色细分	备注
天然颜料	西班牙白、石膏白、布吉瓦尔白、铜蓝、群青、靛蓝、钴蓝、赭石、范戴克棕、土棕（熟褐）、孔雀绿、土绿、玫瑰红、朱红、鸡冠石（雄黄）、红赭、粉黄、黄赭	这些颜料一般是通过精细研磨后加入油性或者水性胶而后进行施工涂装
化工颜料	白铅、白锌、烟黑、象牙黑、蓝黑、孔雀蓝、普鲁士蓝、铜绿、砷绿、染深红、红铅、铬黄、大黄、那不勒斯黄、蒙彼利埃黄	—

颜色梯度的划分：由于有些天然颜料来自珍贵的矿物，所以价格非常昂贵，这样的颜料被应用到当时的室内装饰时便出现了价格的梯度，同时这种价格的梯度也成为当时一种"地位的象征"。这种色彩涵盖的暗示性语言，最为昂贵的是深绿色，与之比肩的是黄色系（橙黄、柠檬黄等）、粉色与桃红色；价格中档的为绿色系（豆绿、橄榄绿、铜绿）与天蓝色、金色、浅皮革色等；较为低廉的是木料色；最为常用也是最便宜的是白色系（铅白、珍珠白）、黄色、橡木色等。

　　阶级不同造成色彩搭配上的区分：欧洲 18 世纪普通居民的早期涂装相较皇室而言比较朴素，白色系、黄色、橡木色成为当时大部分家居装饰的主色调，使用廉价的颜色对墙和面护板进行大面积涂装，在踢脚线与门这样容易显现使用痕迹的部分使用木料色。而在欧洲的中产阶级中也出现了在某个小空间运用较贵的颜色进行繁复的装饰。但是在贵族与皇室的建筑中就没有这样显著的特征，颜色运用浓烈而自由，大面积使用深绿色、黄色、豆绿色等"昂贵的颜色"，以彰显财力。

　　跟随时代的变化，人们越来越偏爱运用一些纯度较低、灰度较高的灰色系、咖啡色系等颜色，简欧风格的配色也随之产生了细微的改变，比如，在常用的深绿色、豆绿色的基础上提高它们的灰度，使其变成偏向绿灰的颜色，将原本经典欧式中偏向艳丽、浓烈的颜色转变成了灰色调上的颜色，室内空间的整体色调相对来讲变得更加沉稳，却也保留原有的金色和白色，整体风格还是保持原有的典雅、大气。

▲ 空间内以白色为主，用天蓝色的背景墙和软装来搭配，做出清新的空间效果，加上金色饰品和家具做点缀，彰显空间的优雅与华丽。这种价格中档的配色更加适合中国中小型的家居空间

▲ 沉稳的灰色调子加上金色的灯具和装饰品，可以凸显空间的轻奢气韵

❀ 中国审美对简欧风格配色的影响

　　东西方色彩意义的差异化体现：在欧式风格设计理念引入中国时，会根据个人不同的需求而产生一定变化。人们通常会赋予色彩一些不同的意义，通过运用这些色彩来表达设计师赋予空间的部分含义。

　　色彩在不同文化中代表的意义可能完全一致，也可能大相径庭。通过了解欧洲室内色彩的配色元素，同时掌握色彩在中西方文化中的意义，能够帮助设计师更好地理解与运用色彩，并根据设计要求创造出符合使用者需求的配色方案，有针对性地根据使用者的喜好，结合色彩的文化历史，对欧式家居色彩的配色进行合理调整，不但要满足使用者的物质需要与精神需求，更要从心理层面、文化层面上做到环境空间与使用者的和谐，从而设计出更符合中国居住者需求的室内空间。

※ 常见色彩的意义体现

色彩	意义
蓝色	东西方都推崇的颜色，代表了安宁、清洁、稳定、静谧
白色	其意义具有普适性，都具有纯洁、清凉的意义体现，且在东西方都会将白色与生命和死亡紧密相连
黑色	在东西方都代表着严肃、权威
红色	在中国是温暖而有力量的象征，在西方文化中红色却含有血液、暴力、地狱等意义
绿色	在中国代表着自然健康，在西方，绿色含有不稳定性这种负面含义
黄色	在中国代表着权力、财富，在西方却代表着疾病，且带有耻辱的意味

备注：除去纯色外，像橙色、粉红色、粟色、灰色，在东西方的意义表达上基本相同。

▲ 相较浓烈的色彩构成，柔和的浅色更受人们的青睐

深浅相间的设计形式：欧式家居的配色比较浓厚，对比更加强烈，颜色的纯度也相对较高。欧洲的贵族居所更是喜欢大面积使用一些在当时价格昂贵的颜色来彰显自己的地位，因此通常会使用白色系和黄色系为基础，搭配一些墨绿色、深棕色和金色来给空间增加一些强对比。

而欧式风格在引入中国的过程中，当代设计师在借鉴欧式色彩的应用时，注意到了中国普通居民空间具有的限制性。这是因为古典欧式风格配色的浓烈和对比都是建立在室内具有足够的面积和举架（层高）的基础上，而通常这种设计方式在欧洲也只是适用于贵族居所。

因此，在家居配色的运用上，中国居所的设计更适合参照欧洲中产阶级的配色方式。例如，采用价格相对便宜的色系为主，如白色系、黄色系，辅以一两种小面积的贵重色彩，再将木料色运用到门窗与踢脚线之中，即可展现出基本的欧式空间氛围。而在需要突出业主个性的时候，可以在一个局部使用深绿色等中世纪价格昂贵的色系进行装饰。同样在较大的空间进行设计时，如别墅、酒店中则可以大胆使用大面积的绿色、蓝色等颜色，辅以金色等流动的线条装饰，可以马上得到富丽堂皇的色彩感受。

具体来说，简欧风格的家居配色逐渐转变成以象牙白为主，浅色运用较多，深色为辅助颜色的搭配形式，将深浅相间的设计形式发挥得淋漓尽致。

◀空间以浅色为主，用深木色的柜子和深灰色的玻璃框做间隔色，将同一浅色的边缘隔开，更好地划分空间的同时，深浅相间的形式更能凸显空间

◀空间以白色和浅木色为主，一面蓝色的墙与整个空间形成了强烈的对比，使空间更加突出

※ 简欧风格常用配色表

常用配色	概述	图示
白色（主色）+黑色/灰色	白色占据的面积较大，不仅可以用在背景色上，还会用在主角色上；白色无论搭配黑色、灰色或同时搭配两色，都极具时尚感。同时，常以新欧式造型以及家具款式，区分其他风格的配色	
白色/米色+暗红色	用白色或米色作为背景色，如果空间较大，暗红色也可作为背景色和主角色使用；小空间中暗红色则不适合大面积用在墙面上，可用在软装上进行点缀，这种配色方式带有明媚、时尚感。配色时也可以少量地糅合墨蓝色和墨绿色，丰富配色层次	
白色+蓝色系	这种配色具有清新、自然的美感，符合新欧式风格的轻奢特点。其中，蓝色既可以作为背景色、主角色等大面积使用，也可以少量点缀在居室配色中。需要注意的是，配色时高明度的蓝色应用较多，如湖蓝色、孔雀蓝等，暗色系的蓝色则比较少见	
白色+紫色点缀	具有清新感的配色方式，但比起蓝色是一种没有冷感的清新。其中紫色常用作配角色、点缀色，是倾向于女性化的配色方式；也可以利用不同色系的紫色来装点家居，如运用深紫色、浅紫灰色进行交错运用，会令家居环境更显典雅与浪漫	
白色（主色）+绿色点缀	白色通常作为背景色，绿色则很少大面积运用，常作为点缀色或辅助配色；绿色的选用一般多用柔和色系，基本不使用纯色。这种配色印象清新、时尚，适合年轻业主	

常用配色	概述	图示
白色＋金色＋其他色彩	用金色搭配纯净的白色，将白与金不同程度的对比与组合发挥到极致。在新欧式风格中，金色的使用注重质感，多为磨砂处理的材质，会被大量运用到金属器皿中，家具的腿部雕花中也常见金色	
白色＋银色＋其他色彩	银色与白色搭配组合方式与金色和白色搭配类似，银色也是作为点缀色或者家具边框出现的，偶尔会以屏风或隔断的样式做大面积的使用，不如金色那么奢华，但具有一些时尚感	
冷色系做主色	将冷色系用于新欧式家居风格中，可以很好地弱化欧式古典风格带来的宫廷气息，形成小资情调的空间配色。一般会将不同色调的蓝色用于家具中，也会用做墙面装饰等，构成高贵、清新的生活空间	
黑色/灰色做主色	新欧式风格追求精致与品质，在配色设计时可以将黑色、灰色用于墙面背景色，再搭配浊色调的蓝色、绿色等色彩。如果觉得黑色过于深暗，则可以选用带有装饰图案的壁纸来进行色彩缓和。另外，配色时要适量加入金属色，才能更好地体现风格特征	
木色不再大量用在墙面上	在欧式古典风格的家居中，墙面上经常会比较多地使用木色材料，如饰面板、实木板、护墙板等，而在新欧式风格中这点有所改变，很少会大量地使用木色，而更多的是使用白色的木料搭配带有欧式典型纹理的壁纸，木色更多地会用在地面和部分家具上	

三、装饰纹样

❋ 远古时期写实纹样的流传

最开始，人类在洞窟壁和岩石上刻画各种动物和狩猎场景、图案等。到了古埃及时期，人类开始信仰神，信仰永生，于是将肉体制成了木乃伊，石窟上的绘画追求统一的标准和故事的完整性。在当时的文化发展下，人们对于纹样还处于写实阶段，因此，写实纹样十分流行，而且古埃及人的信仰多为神教类，多半以动物作为其象征。在古埃及家具的图案中也主要以常见的人像、兽腿、鹰等作为装饰素材，用绘画、雕刻等形式运用到生活中。

▲ 古埃及时期的壁画内容大多比较写实　　　　　　　　▲ 古埃及时期以动物为题材设计的造型家具

到了古希腊时期，植物纹样更为流行，其中桂冠、莨苕叶纹样是最为经典的纹样形式。古代希腊人将桂冠授予杰出的诗人或竞技的优胜者，后来欧洲习俗以桂冠为光荣的称号，桂冠纹也经常被用在空间当中。另外，古希腊的植物纹样有些也常用于三大经典柱式当中，比如，古希腊爱奥尼柱式使用卷涡纹象征着女性的柔美，科林斯式柱则采用了经典的莨苕叶纹做装饰。

▲ 桂冠纹样　　　　　　　　　　　　　▲ 莨苕叶纹样

　　古罗马时期的装饰纹样相比古希腊而言更加丰富，多了卷曲的植物纹样，并保持了古希腊的桂冠、莨苕叶等图案。在欧式设计风格中，最受欢迎的大马士革花纹，其主要设计元素也是来源于莨苕，它象征着智慧、艺术和永恒。在罗马文化全盛时期开始，大马士革花纹普遍装饰于罗马皇室宫廷、高管贵族府邸，因此大马士革纹样带有浓重的帝王贵族气息，是一种显赫地位的象征。这股风潮延续至文艺复兴时期，它仍然是王室及教会所专属的奢侈品。另外，大马士革纹样在近代的发展中也更加丰富多样，可以把类似盾形、菱形、椭圆形、宝塔状的花形都称作大马士革纹样。

▲ 大马士革玫瑰是世界公认最优质的玫瑰品种，最初的大马士革纹都是以花样纹路为主的

▲ 近代大马士革纹样有了更多的变化，也会融入很多其他元素

▲ 墙壁上浅色的大马士革纹壁纸，给卧室单调的墙面增加肌理，使空间更加富有变化

▲ 颜色具有深浅变化的大马士革纹印在布料上，给整体颜色偏浅的简欧风格卧室增添跳色，使空间更具特色

❋ 宗教与神话传说的影响

　　由古埃及起源的宗教发展庞大，时日悠久，欧洲社会一度由教会统治。随着罗马帝国的灭亡，欧洲进入了中世纪时期，因为时代不稳定，战争频发，战争类装饰纹样，如头盔、短矛等在当时被颇多地运用。

　　14世纪初，经济繁荣的意大利人首先提倡了人性解放，反对神学对人的束缚和禁欲主义，同时推动了文学、科学、艺术和宗教的发展，文艺复兴运动开启了。在社会动荡的影响下，人们逐渐把一些神话传说作为精神依托，因而雕刻图案多具有宗教意义，并且带有一定的装饰性。

　　这些丰富的装饰纹样包括西方宗教历史、神话寓言中的事物等，这些事物代表着欧洲人对宗教或神的信仰与崇敬之情，如丘比特代表着爱情，森林女神传达神谕等。另外，还有一些生活场景类的装饰纹样也丰富了人们的视野，如日常劳作、结婚的情景也作为纹饰应用。同时，某些几何图案，如圆圈、连珠纹、绳纹和回纹也是当时很流行的具有东方特色的纹样。

　　由于文艺复兴时期的室内装饰重点是建筑教堂，装饰的内容以宗教故事或宗教人物为主，更多的是对宗教故事加以新的理解或赋予某些世俗的因素，而装饰纹样则是表达这些内容的重要表现形式。然而，17世纪的室内装饰重点变成了王侯的宫殿和离宫、贵族的邸宅和别墅，虽然装饰的内容不再为教会所左右，但是宗教的影响还是在欧洲有着深远的影响，一直到现在，都可以看到有宗教纹样的家具或者装饰物。

马克西米主教的宝座　　　　　　　哥特式扶手椅

▲ 中世纪的椅子中较多沿用了来源于宗教中的纹样

▲ 宗教纹样与卷草纹的结合

❈ 古典经典纹样的保留与创新

　　欧式古典纹样在演变的过程中，根据现代人的喜好逐渐发生变化，对一些古典经典纹样有保留，也有在原基础上的创新。原本的经典纹样主要包括自然类，主要是指自然界的事物，如植物、动物等；生活类，主要是描绘人们日常生活场景类的装饰纹样；战争类，主要是一些跟战争相关事物的纹样；宗教类，描绘宗教相关的装饰纹样。

　　其中，简欧风格的设计保留下来的大部分都是自然类纹样。它们许多直接运用在了家具中，例如茶几腿运用动物的形态，更添趣味性。还有一些纹样是对原有的纹样做简化或者抽象化处理，将纹样的元素进行提取，重新组合构成新的纹样形式，可以将其运用在各个位置，例如做装饰线、布艺上的花纹、家具上的雕刻以及壁纸的纹样等。

▲ 大面积的纯色床单与小面积的带有纹样的抱枕，让空间有层次感

▲ 矮柜腿用猫脚的形状，配合孔雀的表面装饰，给走廊添加趣味性

拓展知识

莫里斯纹样的由来

　　在欧洲近代的发展过程中，英国杰出的设计师、工艺美术运动的创始人威廉·莫里斯，在否定当时机械化样式缺少曲线变化的前提下，运用了自然界有机物（如花草）的形式，并加以变形，使装饰纹样呈现出变化丰富的曲线，富有生机和运动感；同时参考曾经风靡欧洲、有强烈装饰感的巴洛克和洛可可的曲线风格，而发展出莫里斯纹样。这种纹样使用茎藤、叶属的曲线层次分解穿插，互借合理，排序紧密，具有强烈的装饰意味，色彩统一素雅，以白色、米色、蓝色、灰色或红色为主体。

▲ 莫里斯花纹在墙面上的运用风格

四、材料运用

❋ 天然材料的使用

在科技迅猛发展的现代，污染变得十分严重，为了减少对环境的污染，现在越来越重视环保问题，尤其是在室内装修方面，在材料的选用上更加追求环保、自然、简约和生态。天然材料的使用可以有效减少污染问题。

在古典欧式风格的塑造中，常用大理石、多彩的织物、带有精美花纹的地毯来塑造风格的大气、奢华感，但这类材料的工艺较为复杂，在一定程度上也不够环保。发展到现代的简欧风格则更趋向于运用清新、自然、简约、现代的材质，比如在普通的户型中会降低大理石的使用频次，而是选用更加环保的实木地板做地面材料，布艺的选用上也更加简洁。

▲ 承袭洛可可风格的居室中，还是可以看到大量精美的地毯和色彩鲜艳的家具运用，同时配合了柱式、复杂的装饰线等结构，体现出装饰用材的繁复

▲ 到了简欧风格的居室中，地面使用木地板，布艺的款式也更加简洁，体现出用材上的天然与环保

❀ 现代材料的融合

选择与欧式古典材质相近质感的现代材料：现代社会逐渐现代化，材料也与时俱进。现代材料有着环保、质轻等优点。简欧风格的居室在装修时为了达到传统欧式风格华丽、大气、优雅的空间氛围，会选择运用一些与经典欧式材料质感相近的环保材料，将其运用到空间中。例如，用硅藻泥来增加空间墙面的纹理感，用木质地板来代替人造大理石；或者运用一些铜色镜面材料代替金色元素，增加空间奢华感的同时，也显露出简欧风格更加低调的装饰特点。

▲ 铜色镜面材料给空间增添低调的奢华感，又不显庸俗。同时，纯度较低的铜色能够和更多颜色进行搭配，给空间带来更多可能性

▲ 墙面颜色虽为白色，但选用了硅藻泥材质，其质感令空间的装饰效果更强

材料的混合运用：除了一些与古典欧式质感相近的替代材料外，还可以用一些现代材料与经典欧式中常用的材料进行搭配使用。许多古典欧式家居中常用的带有繁复花纹的布料在简欧风格中并不适用，反而一些纯色面料更受人们的喜爱，再搭配一些带有欧式花纹的抱枕等小件软装，会让空间既符合现代居住者的喜好，又保留了欧式家居的固有氛围。

▲ 客厅中壁炉材质与传统欧式的选材需求相吻合，装饰花纹繁复、原材料较为昂贵；但茶几却极具现代感，为玻璃与木质的结合；这样的设计搭配，体现出简欧风格用材的兼容性

❀ 材料的创新运用

原本欧式风格中的室内材料大多都是细腻、精美的，而外立面材料很多都是粗糙、简单的。但是在逐渐演变到简欧风格的过程中，许多外立面的建材被不断引入到室内，例如一些砖材、石材等，将其运用在空间的局部设计中，如柱式结构、个别突出墙面等，以从材料方面来凸显欧式元素。另外，作为居住空间中最为醒目的背景墙，更是可以沿用一些欧洲古建筑的材料，丰富简欧风格的空间形式。

▲ 在客厅的壁炉结构上用碎石做装饰，给现代化的空间增添欧式氛围

第三章 ❧

简欧风格的空间
设计表现与布置

简欧风格的空间设计虽然有所改良与简化，但也继承了欧式古典的精髓，例如对称布局等空间设计手法也取材于古典欧式风格，再结合现代设计理念进行优化。在对空间进行具体的设计时，会保留下古典欧式风格的布置形式与装饰手法，以此保留住奢华的感觉，然后再进行简化。

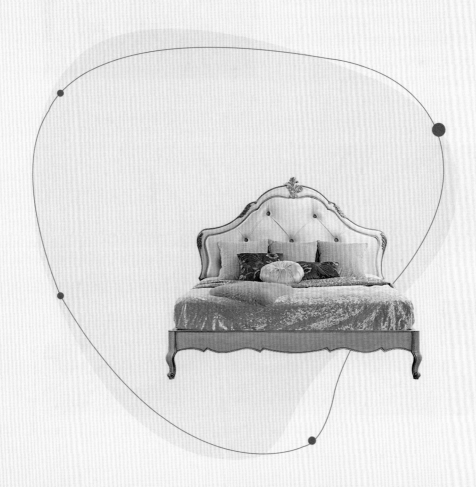

一、空间表现手法

❊ 注重数学和几何规律

欧洲国家十分注重数学与几何规律，并将其运用在艺术设计作品中；同时提出"艺术设计结构要像数学一样清晰和明确，要合乎逻辑"的观点。表现在室内设计中，控制线、几何定律以及模数的灵活运用十分普遍。

控制线与几何定律带来的规律美

自古希腊时期起，欧洲古建筑的设计就非常注重对控制线使用的推敲。控制线是建筑的方法之一，用它来创造数学性的抽象形体，可以得到一种优美的规律感。而几何学上的定理与定律同样成为设计的法宝，常用的如勾股定理、黄金分割定律等，使空间设计往往需要像作图一样严谨。

▲巴黎圣母院建筑在高上的比例是1:1:1，建筑是由两个半圆形的控制线来控制的

▲ 壁炉的整体墙面是由一个椭圆做的整体，和一个与之相切的小椭圆，整体的斜线经过小椭圆的中点，而下方的壁炉的对角线跟整体墙面的对角线垂直，整体有一种数学之美

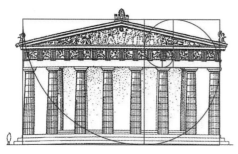

▲ 从修复后的帕特农神庙可以看出，它是遵循几何规律建造而成的，是典型的用黄金比例设计的建筑

▲ 整面墙是运用黄金分割比例分割的，让墙面的分割更有韵律感和美感

模数制赋予空间均衡与统一的能力

在欧式古典建筑的设计中，常以某个构件为模数的 IM（模），其他构件的尺度为其倍数。目前设计中较常用的模数为 3 的倍数，如 3M、3.3M 等。这个模数小到建材的尺度、家具的层板间隔，大到室内拱券的高度和建筑的开间，均有涉及。

▲ 在简欧空间中，大到空间布局，小到铺装分割，都按照一定的比例进行

❋ 尊重传统构图原则

在对"美"的追求与研究中，欧洲人建立了一套构图体系。其中，古典主义代表人物勃隆台（Blondel）致力于追求普遍的、永恒不变的，可以用语言说得明白的建筑艺术规则，尊崇美产生的度量和比例，并把比例尊为建筑造型中决定性的、甚至是唯一的因素，这种绝对规则体现出纯粹的几何结构和数学关系。

另外，设计中的均衡与对称也是欧式传统构图中所遵循的原则。均衡与对称是互为联系的两个方面，对称能产生均衡感，而均衡又包含对称的因素。简欧风格的对称与均衡的表现，不仅体现在家具的摆放上，还可以是界面造型的对称、工艺摆设的对称、软装图案的对称等。

比例是衡量事物尺寸和形状的标准，强调空间与人体、空间与空间、空间与陈设之间的相对尺度，通过合适的对比，获得空间的舒适感。在简欧风格的居室设计中，将对比例的尊崇加以利用，可以表达出空间中的严谨与规律。这种设计的美学可以体现在局部和整体间，以及局部相互之间，它们需要有一个共同的度量单位。

▲ 以一块板为一个模数，展示出1∶3∶1的比例关系

　　简欧风格的居室设计虽然摆脱了复杂、华丽的装饰，但在背景墙的设计上还是会下一番功夫。其中最能体现风格感的，是利用墙面对称造型来呈现庄重、优雅的感觉。除了使用石膏线将墙面划分成均匀的立面以外，还可以运用饰面板、软性皮革、成对的灯具等进行装饰，将现代材质与传统设计理念结合，打造出现代与古典结合的轻奢空间。

设计
方法2

◀ 餐厅背景墙两侧采用相同材质的饰面板装饰，搭配上完全相同的壁灯，打造美观、对称的风尚

◀ 金属线条将背景墙分隔成均匀的立面，相同玻璃材质的饰面板对称呼应着，整体造型虽然丰富繁杂，却丝毫没有轻浮感，反而勾勒出秩序美感

设计方法 3

简欧风格在家具摆设的布局上也遵循了对称性，以此彰显大气、典雅之感。家具的布局常会以对称的方式出现，但为了避免陷入沉闷感，在家具形态或材质上会有细微的变化。除此之外，软装陈设的摆放也会遵循对称原则，不论是装饰画还是工艺品，甚至是靠枕、花艺都会沿用对称的设计手法。

◀从题材到摆放都呈现对称之美的装饰画，是整个空间的亮点所在，显眼的色彩不会有太过个性的感觉，在对称摆放的设计之下，增加了优雅感

◀纯色三人沙发本身就带有对称感，再搭配上对称摆放的靠枕，因为靠枕色彩的多样化，沙发区域并不会有沉闷严肃的感觉，沙发两旁完全相同的边几与台灯，对称的布局优雅简单

对称的美感不光可以从造型和布局上体现，在细部也可以运用自如。例如，壁纸图案的对称，常用的蔓藤、花卉这些图案也可以是对称的，在细节之中将古典美感散发出来，营造出隐约的华丽感。

▶ 餐边柜的体积较大，并且从使用上来看，布置两个相同的餐边柜形成对称并不现实，但又想得到严谨的美感，那么可以选择带有对称图案的家具。图案可以是复古的也可以是现代的，都能够带来不错的装饰效果

❈ 灵活引用经典元素

　　千年以来的文化绵延，造就了众多隶属于欧洲特有的经典元素。这些元素根植于人类本性的美学原理，在当今的室内设计中值得继承与延续。但古典元素毕竟属于过去的时代，如果运用不当或罗列堆砌，则会令室内环境变得不伦不类，有碍观瞻。因此，在使用时需要运用灵活的设计手法，将其和谐地表现在室内设计之中。

将古典元素进行直接引用

　　在进行室内设计工作时，不可能完全沿用古人设计时的技术与材料，因此绝对模仿无法实现。所谓的直接引用是指在适当的空间、以适当的形式将古典元素进行引用、借鉴，使之与现代的生活方式以及功能需要有机结合起来。具体设计时，可以采用形式和手法上的套用，但需要注意与室内风格的统一，并且与室内主题与空间特点相协调。另外，不要忘记古典构图的原则与比例关系。

▲哥特时期建筑产生的拱形门是哥特建筑的特点之一

▲形式的套用：拱形门作为一种装饰形式被运用到室内空间中，既开阔了空间，给空间增加个性化元素，也与简欧风格相符

▲罗马时期的柱式多样，其中方形的柱式通常使用在建筑外墙上，柱子之间的弧形结构也是建筑的一大亮点

▲手法的套用：方形的柱式和柱子间弧形结构被直接引用到室内空间中，增添了空间中的欧式情调

将古典元素进行对比引用

在对古典元素进行引用时，更有冲击力、更醒目的方式是创造时空的强烈对比，可以将历史与现代碰撞，或者古典形式与现代形式共存。对比引用时需要注意两个方面：一是两种形式要采用一种构图手法与美学原理；二是遵循风格本身的设计特点，切忌为了引用经典，而造成风格设计的改变。另外，设计时要仔细琢磨如何协调时代中的经典与经典中的时代。

▲ 时代中的经典：在充满时代感的设计中，加入壁炉和装饰镜这样的古典元素，并作为视觉的中心；且周围环境以淡雅为主，令人将注意力集中在壁炉上

▲ 经典中的时代：在古色古香的传统环境中，加入现代纹样和中式元素，在产生对比的同时，可以感受到浓郁的古典内涵

❈ 变形的技巧

　　不同的时代赋予了居住者不同的生活内容，进而产生不同的功能需求，因此在进行室内设计时不得不对传统做出妥协或改变，这种改变带来了必然的变形。相比对于传统形式的引用，在设计时进行变形是更难的设计手法。但此种设计手法能够与当今空间形成更好的融合，令原本来源于欧式古典风格中的设计形态，完全成为时代的产物。需要注意的是，对于传统形态的变形，并非随意扭曲经典，而是从功能、技术出发，寻求一种形体与内涵的平衡。

　　简欧风格在发展的过程中，面临着解决新功能旧形式与旧功能新形式的统筹安排问题。其中"新功能旧形式"表现在传统的装饰构件由于时代的发展，需要赋予与原来功能完全不同的新功能。"旧功能新形式"表现在有些传统物件的功能至今没有改变，例如壁炉，这种传统的功能可以采用旧的构图原理，用新的材料和形式进行演绎。

▲ 新功能旧形式：原来在欧式古典建筑中起支撑作用的立柱，在当代简欧风格的设计中，常常可以作为楼梯柱出现

▲ 旧功能新形式：壁炉仍采用对称构图，但保留了对炉腔与烟囱T字形的崇拜

在简欧风格的空间中进行"变形"设计，不仅仅局限于"形"的简单改变，还可以将传统的设计理念与现代设计手法相结合，进行手法的变形，最终创造出一个具有古典内涵的现代作品。例如，可以运用解构与重组的设计手法大胆地将古典元素解构，并用现代的方式重组；或是采用意境的表达摒弃对传统一丝不苟的描摹，而只运用前人设计时的思想；也可以用传统构图的变奏方法将现代艺术与古典构图碰撞在一起，这是一种来源于后现代的设计手法，迎合了当今的混搭风尚。

▲ 解构与重组：空间主体的线条是以直线和简约造型为主，但是柜体上的装饰纹样原型是巴洛克时期的纹样

▲ 意境的表达：空间中的元素构成较简单，大多是现代风格的元素，颜色也以黑白为主，但仍能让人感觉到欧式风格的精致、大气

▲ 传统构图的变奏：跟传统壁炉对着沙发组排布的方式不同，对着餐桌，形式上有一种激动人心的错乱感

设计方法3

欧式古典装饰多由手工制作，材料工艺原始，造价高，施工周期长，这样的装饰手法很显然已经无法满足当下室内设计的需求，因此需要进行必要的革新。这些由革新带来的变形带有明显的功能主义倾向，可以体现在位置的改变、形式的简化和幻化，以及表达时空感的变形上面。

分类	概述
位置的改变	由于现代的建筑结构与平面组织发生了变化，使得室内装修时不能再遵循传统的模式
形式的简化	将古典繁复的装饰进行变形，使简化后的形式更适应现代的施工工艺；变形后的形式还可以选用新的建筑材料和更加时尚的色彩组合，但是进行简化时一定不能随意改变原来的比例关系与韵律感
形式的幻化	将传统造型创造出溶解、扭曲、动态或超自然的效果，给人一种完全不同的精神体验。这种变化不一定出于功能需要，更类似于艺术设计
时空感的体现	将新的与旧的质感放入相同的造型里以体现今昔对比，即常说的"做旧处理"或"部分做旧处理"，营造出一种怀古的沧桑感

▲ 位置的改变：将壁炉被安置在室内空间的正中，打破了常规设计中壁炉的安定、稳固、静态的构图

▲ 形式的简化：壁炉的设计形式十分简洁、利落，区别于传统繁复的设计形式，令简欧风格的居室更具有现代感

▲ 形式的幻化：装饰画中将传统欧式设计中常用的贝壳元素进行扭曲、变形等艺术化处理，带来区别于常规的视觉体验

▲ 时空感的体现：将近代常用的棉麻布艺和古典的壁炉还有做旧的装饰镜搭配，体现时代之间的对比

二、简欧风格的空间设计要点

❧ 空间界面设计

相对于古典欧式风格来说，简欧风格的界面设计摒弃了复杂与华丽，通过运用简单的材料与造型，展现出优雅与轻奢感。在材料运用方面，除了传统的板材、涂料等，也加入了一些现代材料；造型上则是整体以简洁为主，却在细节之处体现出欧式风格的精致。

顶面设计

吊顶设计与装修风格息息相关，传统欧式吊顶因外形美观，深得人心，在别墅、会所、大户型的住宅中比较常见。但传统欧式风格的造型往往比较烦琐，也不适合层高较低的户型。因此，发展到简欧风格时，吊顶的设计开始变得更加简洁，善于用最少的线条和造型来呈现优雅、轻奢的氛围。

吸音石膏板　　　　雕花石膏板　　　　覆膜石膏板　　　　抛光镜面　　　　立体拼花镜面

▲ 常用顶面材料

▲ 利用石膏板将顶面做成分层式的吊顶，好看又有层次感　　　▲ 镜面材料可以使空间看上去更宽敞，还能增补光线

圆形吊顶：若空间的层高足够，可以选择设计圆形吊顶。此种形态的吊顶，既吻合简欧风格追求简洁中不失高雅的诉求，也恰好与中国古代天圆地方之说相吻合，更能引起国内居住者的共情。一般来说，圆拱形的吊顶中间会悬挂一盏长吊灯，给人一种敞亮、华丽的感觉。

▶ 圆形吊顶有着醒目的装饰效果，再搭配上同样圆形造型的灯具，呼应着圆形的餐桌，满满的优雅情调

▲ 餐厅空间较大，所以可以尝试分层式的顶面设计，考虑到高度太低会造成压抑感，影响进餐心情，因此只分了一层。这样也能使空间看上去更有层次，同时也能在视觉上与其他空间分隔开来

设计方法2

分层式吊顶：简欧风格虽然追求简约，但同样也要保留大气的感觉。常规的单层吊顶设计，简约感有余，但大气感不足，因此常会运用多层的设计形态。如若追求华丽和质感，则可将吊顶分为二层及以上层数，然后根据需要进行简单的装饰设计，如利用石膏板勾缝、雕花等，若居住者预算充足也可以增加手绘效果，有扩展和丰富空间的作用。

▲ 用金属装饰线和石膏板做成简单又好看的分层式吊顶，再搭配上华丽的灯饰，整个空间立马变得贵气十足

石膏线吊顶：在简欧风格的吊顶设计中，石膏线吊顶也是不错的选择。石膏线的可塑性强，可以描绘出丰富的花纹图案，且能够突出吊顶的层次结构，令顶面显得更加宽阔，有着延伸空间的效果，并能够很好地衔接不同区域的造型设计。

▲ 利用花纹石膏线装饰顶面空间，也能带来不错的装饰效果，不仅能丰富顶面空间，简单的花纹样式还能与家具、摆件呼应，使整个空间从上到下都糅合着华丽感

▲ 客厅层高不高，所以利用石膏线代替分层式的顶面设计，不仅没有失去华丽的感觉，反而显得更加干净优雅

墙面设计

　　简欧风格的墙面设计不会出现特别复杂的造型，简洁大气是设计的首要目标。为了能够展现出欧式风格的优雅感，垂直的石膏装饰线、简洁色彩的饰面板和欧式花纹壁纸是最常见的墙面材料，搭配上灯饰、装饰画等极具欧式特色的装饰，就能以最简单的方式呈现出优雅与奢华。

　　石膏线条 + 成对灯饰：简单大方的石膏线条将平淡的墙面勾勒出立体感，纤细的线条造型散发着优雅，再搭配上成对的灯饰，可以于秩序之中表现出典雅奢华的感觉。

◀电视背景墙的设计简约而优雅，石膏线的修饰，带着秀气与复古的感觉，只有直线条的出现，带来清爽的视觉感受，搭配浅淡的黄色饰面板，清爽中隐含华丽质感

◀沙发背景墙的设计，仅用最简单的直线条勾勒，没有丝毫多余的装饰，以最简单的方式展现着最优雅的感觉

饰面板＋装饰画：饰面板拥有良好的材质美感，选择材质细致均匀、色泽淡雅、木纹明晰的饰面板，可以给空间墙面增添华丽的装饰感，不会显得单调冷清，若再搭配与空间色彩呼应的装饰画，则能够将浓厚的艺术气息注入空间之中，给人以优雅、大气的观感。

◀白色饰面板给空间带来干净优雅的基调，搭配上成对的装饰画，呈现出简约的奢华感

◀卧室的墙面使用了色彩淡雅的饰面板进行修饰，整个背景墙只用了一幅装饰画点缀，这样既能带来舒适平和的休息环境，又不会显得乏味、失去情调

花纹壁纸＋石膏线＋饰面板：简欧风格的家居中，也常用到花纹壁纸来装饰墙面。不同于其他风格的是，简欧风格中壁纸的选用一般为独具特色的欧式花纹，这种花纹一般色彩淡雅、纹饰简单，可以体现出欧式风格的华贵但又不会过于强烈。

▲ 花纹壁纸与饰面板的组合可以丰富墙面层次，但不会给人突兀的感觉，能够给空间带来简单而又优雅的装饰效果

▲ 将壁纸与石膏线融合在一起，避免大面积铺贴壁纸的富丽感，而是通过比较柔和的方式，释放着简约的奢华

地面设计

　　简欧风格的地面设计既保留了欧式古典风格的设计手法，又加入了现代风格的设计理念。将古典欧式花纹融入地面之中，可以出现在石材上，也可以出现在地毯上，以此保证空间的奢华感，再通过简洁的现代搭配手法，将过分富丽的奢华之感渲染成优雅与轻奢之貌。

　　石材拼花：石材拼花在欧式古典家居中被广泛应用于地面、墙面、台面等装饰，以其石材的天然美加上人们的艺术构想而"拼"出一幅幅精美的图案，体现出欧式古典风格的雍容与大气。这种设计方法在简欧风格中得到了保留，即使是简单的直线条拼贴，也能够带来丰富、有层次感的装饰效果。

▶玄关地面利用拼花设计，一下就吸引住视线，局部的一块拼花设计，不会有繁复之感，反而能够为空间增添古典韵味

设计
方法 2

地砖 / 地板 + 地毯：光洁透亮的地砖往往能够带来明亮清爽的空间氛围，运用在简欧风格的空间之中，能够增添干净的感觉；木地板脚感舒适，看上去也不会有冰冷的感觉，给人一种温和感，使用在简欧风格之中，可以为空间增添庄重优雅的感觉，搭配上图案醒目的地毯，能够形成较有视觉冲击力的组合。

▲ 仿大理石纹路的地砖，给客厅带来优雅又通透的视觉感受，搭配上相近色系鱼骨图案的地毯，带来视觉上的延伸感，又能减少空间的冰冷感觉

▲ 客厅地面沿用了古典欧式的大理石拼花地面，但为了避免使空间产生沉重感，选择带有几何图案的地毯进行点缀，降低沉重感，增添现代感

▲ 木地板质感柔和，特别适合运用在卧室地面，能够营造出温和的氛围，但为了能增添精致感，可以选择图案个性的地毯进行装饰

✻ 功能空间设计

不同空间除了要能实现最基本的功能、满足使用需求，还要能够展现出风格特点。简欧风格的功能空间设计，需要将基本的使用需求与设计装饰完美地融合，在满足空间功能要求的同时，又能最大限度地展现出轻奢感。

客厅设计

客厅是主人品位、地位的象征，也是主人交友娱乐的主要场所，兼具多种功能，可以家庭会客、看电视、欣赏音乐等。

简欧风格的客厅在造型上主张以简约的笔触来演绎现代住宅的气派与和谐。客厅电视背景墙一般是视觉的中心，设计时可以运用现代的手法将欧式古典主义与现代装饰完美结合，利用来源于欧式古典线条造型的石膏线来展现优雅格调，再搭配上简约不简单的欧式复古家具，创造出更具亲和力的优雅氛围。

▲ 客厅的白色墙面和石膏线散发出淡雅清新的现代简欧味道，最大限度引入自然光，空间平面追求流畅感，墙面、地面、顶面以及家具陈设，均以简洁造型为主

▲ 客厅是待客之处，也是家居日常休闲之所，舒适大气的氛围是主调。传统欧式风格的代表性雕花元素，运用在茶几底部，增加空间立体感。金属材质的多数量运用，使空间更加灵动个性

在简欧风格的客厅中，沙发可以采用典型的复古家具，色彩可以选择与墙面相似的色调，这样显得更有亲和力。简约而不简单的家具花边装饰与客厅硬装修上欧式细节交相呼应，与整体风格基调相和谐。客厅的灯具可以选择简约的欧式水晶吊灯，最能彰显简欧感。软装装饰可以根据喜好选择一些简单大方的装饰画或摆件，营造浓郁的艺术氛围，展示着居住者的文化涵养，避免选择过于花哨的装饰避免与简欧风格的宁静和谐相冲突。

▲ 典型的简欧风格客厅，顶面用了石膏线作装饰，欧式复古水晶吊灯的金色构架与金色装饰摆件呼应，形成现代与古典的对比

▲ 客厅整体的配色多而不杂，用不一样的优雅感来舒缓心情。沙发墙以饰面板和装饰画的组合修饰，显得简洁又富有活力，摆上米白色沙发，配合大理石茶几，给客厅增添了几分优雅氛围

▲ 简洁造型的欧式家具的搭配让整个客厅营造出时尚高贵的氛围、轻松愉悦的视觉空间感，没有特别复杂的造型与材质，在朴实之中透露着别样的时尚设计感

餐厅设计

　　餐厅作为整个家庭饮食的区域，也是一个十分重要的功能空间。在这里，忙碌一天的人们可以坐下来储蓄能量，放松心情。所以在餐厅设计布局上要求更多地考虑人文关怀，从居住者的精神需求出发，多考虑一些细节。

　　简欧风格的餐厅设计，在装饰上强调线性流动的变化、直线和曲线的相互交错以及简欧家具与装饰品的共同作用，加上典型的欧式吊灯，展现出舒适华美的景象。顶部造型可以集成白色吊顶为主，搭配水晶吊灯，显得餐厅整体灯光效果更加优美。

▶ 餐厅采用开放式格局，与客厅之间没有明显的分隔，仅用一盏装饰吊灯作为视觉上的分界，这样的设计使空间具有开阔的效果，通过筒灯和装饰镜来增加餐厅的光线，使餐厅看上去明亮舒适

　　餐厅整体的线条最好简洁有力，能够让人心情愉快。餐厅的墙面可以采用大小一致、色彩材质一致的挂画组合，内容既可以是家庭照片，增加家庭幸福感；也可以是较大的古典装饰画，这样可以提升整个空间的格调，保留了古典欧式的典雅尊贵。另外，在家具的选择上最好能与客厅的家具有所呼应。不论是从色彩上，还是从造型或材质上，与客厅保持一致，可以使整体更有连贯性。

▲ 餐厅色彩上展现出古典美与现代生活文化结合，以金属、米色为基调，雅致的雾霾蓝、棕色作为点缀，使整个空间更具尊贵感。配合硬装硬朗的材质和明快的色调，软装点缀雅致的配饰，赋予空间沉稳、典雅的神韵

▲ 简欧风格延续着欧洲文化底蕴与浪漫气息，用简约的线条取代了繁复华丽的图案。清新明丽的颜色套用到餐厅的整体搭配，玫瑰金色的多头灯饰、浪漫的西式花艺与大理石桌面相互映衬，打造出美观精致的用餐环境

▶ 稳重的宝蓝色平衡天鹅绒的高调贵气，这是餐厅能够变得优雅精致的重要因素；大理石与金属两种材质组合而成的餐桌，则是整个空间个性现代感的来源；餐厅墙面虽然没有任何装饰和造型，却因为褐色的饰面板装饰而能带来优雅贵气

卧室设计

　　卧室作为家人休憩的空间是对一个舒适性、私密性要求较高的空间，直接影响了人们的生活工作和学习，设计中以功能为主，创造一个舒适安静的环境，使人在心理和生理上达到满足。在一个家庭中，不同年龄、不同工作的人，其生活作息和规律、甚至对空间的功能要求也是不同的，家中辈分不同和异性子女等都要求分寝，因此，三代人就有老人房、成人房和儿童房等。

　　由于卧室功能的特殊性，灯光的设计不光要注重风格感，还要以易于放松安眠的、柔和的为主，缓解紧张的生活压力。床两边对称的壁灯或台灯可以使空间氛围变得柔和，又能体现出简欧风格的精致与优雅。

▲ 木质、金属、软包材料的运用增加了质感的丰富性，空间内的美感由饰面上的纹理一层层地延展开

▲ 次卧设计选用欧式曲线感家具，卷曲的纹理渲染着穆雅的居室氛围

卧室的整体设计以突出温馨浪漫又不失脱俗为主，选择简洁造型的欧式床具，再配以柔软面料的床品，整体色彩搭配注意统一协调。如果想增添更多的古典情调，可以在床尾摆放一张造型优雅的床尾凳或是在背景墙上局部使用软包修饰，这样既不会破坏简约感又能增添古典雅致。顶面、地面可以采用与客厅一致的简单装饰设计，避免复杂造型带来兴奋感影响休憩。主卧窗帘的颜色可以选择与墙面相呼应的色彩，其他布艺的选择可以参考家具的选择，相互映衬。

▲ 卧室设计想要保留古典感，床尾凳必不可少，即使是最简洁的样式，也能使卧室变得古典味十足

▲ 延续欧式古典风格常用的背景墙软包设计，与软包床头呼应，形成优雅但充满贵气的感觉

书房设计

　　书房又称家庭工作室，是作为阅读、书写以及业余学习、研究、工作的空间。书房是为个人而设的私人天地，是最能体现居住者习惯、个性、爱好、品位和专长的场所。功能上要求创造静态空间，以幽雅、宁静为原则，同时要提供主人书写、阅读、创作、研究、书刊资料贮存以及会客交流的条件。

　　书房是学习、思考的地方，配色上尽量避免强烈、刺激的色彩。在简欧风格之中，可以选择浅蓝色、浅米色、浅绿色等色彩，既能让空间显得明亮柔和，又能体现出风格特色突出典雅感。而家具和饰品的色彩可以与墙面保持一致，并在其中点缀一些和谐的色彩，如书柜里的小工艺品、墙上的装饰画等，这样可打破略显单调的环境。

▲ 简欧风格的书房总是能够散发着迷人的优雅感觉，暗红色与深灰色搭配，不会太过强烈也不会过于沉闷，白色的欧式高背椅则宣示着空间精致的基调

▲ 书房的一角可以设立单独的休闲区，一把复古的椅子、一盏精致的落地灯，再搭配上小巧复古的边几和精美的装饰，带来安静又充满小资情调的氛围

简欧风格书房要保持宽敞明亮，设计布置上应该以简单整洁为主，可采用整体书柜、书桌，这样会让空间显得紧凑有致，并能够节约居室空间。切勿摆放太多不必要的东西。书桌椅子等不要摆放在房屋中间位置，以免显得拥挤。另外，简欧风格的书房地面适宜选择木质地板，搭配上地毯，则无论是在装饰效果上面，还是防噪音效果上面，都能有更好的表现。

▲ 靠墙摆放的书桌不会占用过多空间，白色的书桌书架给人干净清爽的感觉。带有欧式感的现代造型座椅，给人眼前一亮的感觉

▲ 将阁楼改造成简欧风格的书房，一定不能少的便是精致典雅的仿古装饰摆件。复古色调的地球仪使深棕色的书桌不再沉闷，垂直而下的金色灯泡吊灯，也为书房增添了精细感

▲ 简欧风格的书房非常注重功能与装饰之间的平衡，在书架上摆放的除了书籍以外，总是会出现几件样式精美的工艺品摆件，这样能带来精致优雅的气质

卫生间设计

　　卫生间在家庭生活中的使用频率是非常高的，且关乎居住者最为隐私与最基本的日常生理需求，体现着对人最贴身的关怀。卫生间的设计除了要保证满足最基本的生理需求以外，还要在环境上给予使用者全面的安全感、舒适感、私密感，甚至是美感。

　　一般而言，简欧风格的装修以淡色系为主色调，给人一种淡雅、浪漫的感觉，在卫生间的设计上，也可以将淡色作为整个空间的主色调，比如米色、白色就是不错的选择。若要避免配色上的单调，则可以选择一些带有简单纹饰的壁砖运用在墙面设计之中，令空间显得更有特色。

▲ 白色为主，淡灰色辅助的卫生间，看上去干净又高级。金属色的卫浴镜成为视觉亮点，为空间增添个性的现代感

▲ 白色为主的卫生间，以淡淡的灰色搭配，增添高级感与优雅感，淡雅的主色调之下以色彩鲜艳的黄色花艺点缀，增添活泼的精致感

简欧风格是传统欧式风格经过时代的进步而改良的一种风格，它摒弃了传统欧式风格繁复和多余的装饰设计，更多地考虑到现代人的生活体验和习惯。简欧风格的装修设计特别讲究功能实用性，主张在装饰中多一些实用性功能，所以在简欧风格卫生间的装修设计中，应该有更多的人性化设计。

▲ 利用平直线条的隔断分离出淋浴区与盥洗区，不仅能够带来爽快干净的视觉感受，也能方便家人共同使用空间

◀ 紧邻洗手台的边柜设计，可以放置一些毛巾和护肤品，方便在洗脸洗手时随手拿取，也可以摆放一些装饰品，增添风格感

厨房设计

除了传统的烹饪食物以外，现代厨房还具有强大的收纳功能，不仅能收纳食材、副食品，还有与餐饮有关的餐具、酒具以及各种烹饪设备与电器的收纳。同时，厨房也是家庭成员交流、互动的场所。他们可以通过烹饪和进餐的行为，达到与家人交流感情、丰富生活乐趣的效果。

厨房的装修也是需要进行设计的，这样才能让厨房的布局更加合理，拥有一个好的环境，让人的心情也变得愉快起来。尝试将不同材质通过巧妙的搭配和运用，让厨房显得特别清雅。简欧风格善用淡雅的颜色，通过排列，既清晰地将厨房进行分区，在整体上也十分和谐美观。在橱柜的装饰上可以采用传统欧式设计，而在使用功能上以现代化为主，传统中带有时尚气息。

▲ 黑白色为主的厨房看上去干净明亮，还带着现代简约感。但为了与整个空间的风格呼应，利用花艺与果盘装点，增添精致优雅的欧式情调，让厨房变得更有情调

▲ 高雅、和谐的简欧厨房设计，浅色系的瓷砖和脏粉色的橱柜相互搭配，洋溢着浪漫优雅的氛围。橱柜设计很有特色，主要是以实用为主，配上简约的条纹装饰，让人一看就知道是简欧风格

简欧风格的厨房除了追求简洁干净的观感，也十分重视精致感与优雅感的延续。厨房空间虽然以做饭为主，但也不能失去其该有的情调。一盏极具欧式风情的吊灯或是一幅古典装饰画、甚至是一束欧式花艺，都可以使原本枯燥沉闷的空间变得更有情调。软装的选择上，玻璃、陶瓷一类的工艺摆件是首选，容易生锈的金属类摆件尽量少选，尽量照顾到实用性，要考虑在美观基础上的清洁问题，还要尽量考虑防火和防潮，另外，软装摆件的造型样式可以与其他功能空间呼应，从而给人和谐的整体感。

▲ 纯白色的厨房，用墙面的深绿色和橱柜把手的金色来衬托，让统一的色彩有波动，更加丰富和生动。厨房整体上给人感觉是明亮、大方的，搭配上造型简洁优雅的灯饰，更显精致感

▲ 线条修饰的整体橱柜带着精致的欧式风情，与带有欧式花纹的帘头呼应，为简洁大方的厨房空间增添浪漫优雅的感觉

玄关设计

　　玄关俗称门厅，是住宅的进出口，也是来访者首先接触的空间。玄关的设计在家居中是极为重要的。玄关既是一个家庭的门面，同时也是给来访者的第一印象，更是从户外进到室内的一个转换环境、情绪及视觉的缓冲地带。玄关成为来访者的第一道关卡后，日渐受到重视。利用玄关妥善地收拾好每双鞋、每把伞，同时也兼顾与整个空间的连贯性。

▲一张极具欧式古典感的雕花玄关桌、一幅装饰油画、一盏水晶吊灯，简单的组合便将欧式韵味呈现出来

简欧风格的玄关设计要能充分展现出风格的特点，在墙面、地面以及家具摆件的设计上，都要能突出欧式风情，但也要注意不能形成过于凌乱的感觉。简欧风格的玄关，可以多运用配饰设计来完成风格感的塑造。简欧风格居室内常出现的欧式挂镜、装饰油画、花纹地毯都可以布置在玄关内，装点空间。

▲ 玄关面积较大，但为了方便行走，不额外设立家具，仅在墙上运用石膏线条进行装饰，再摆放上几个带有欧式情调的摆件，也能拥有浓厚的简欧韵味

▲ 带有灰色调的蓝色，理性之中带着淡淡优雅的感觉。简单线条装饰的玄关柜家具，美观而大方，能给来客留下优雅大气的居室印象

▲ 玄关地面的设计延续了其他空间的设计，视觉上更有整体感，没有过多装饰点缀，反而显得更加明亮干净。带有欧式感的窗帘，为玄关空间增添了不少韵味

过道设计

　　过道是水平方向上联系和通往各个空间的交通路径，是划分不同空间保持彼此活动私密性的空间媒介，也是设计风格的统一和延续，同样是提升空间品质的重要因素。在设计时应注意过道不宜设在房屋中间，这样会将房子一分为二。过道不宜占地面积太多，过道越大，房子的使用面积自然会减少。

　　简欧风格的过道设计可以将重点放在墙面上。由于过道本身带有狭长感和昏暗感，所以在设计时最好不要做太大的造型，避免有压占空间的感觉，影响正常的行走。一般会采用连续的材质设计，使空间产生连贯性。根据过道与两边空间的具体形态，可适当做些小细节设计，比如摆上装饰画，加上灯光设置，消除过道的沉闷感，增加空间趣味性。

▲分层式的顶面让过道看上去更有层次感。墙面的装饰画，为空间增添趣味性，也能将风格魅力引入到空间之中

▲白色系的过道看上去更加明亮，墙面除了以石膏线和饰面板修饰，还加入了金属边框的装饰画，使整个过道不会显得单调

▲淡紫色的墙面搭配上白色石膏线，过道风格不仅与其他空间呼应，还自带优雅的感觉

▲墙面的镜面设计，视觉上扩大了空间感，同时也能增补光线，还能增添现代感，与复古造型的展示柜搭配，形成带有现代感的古典韵味

第四章 ❦

简欧风格的软装元素解析

简欧风格不再追求表面的奢华和美感，而是更多解决人们生活中的实际问题。在保持现代气息的基础上，变换各种形态，选择适宜材料，配以适宜色彩，极力让厚重的欧式家居体现一种别样奢华的"简约风格"。在软装的应用上主要强调力度、变化和动感，选择简洁化的造型，减少了古典气质，增添了现代情怀，充分将时尚与典雅并存的气息充盈家居生活空间。

一、家具

主要特征

材质表现：主材选择更多，除实木外还加入了金属。软体家具的坐垫及靠背部分延续了欧式家具特点，以皮和布料为主，但拉口设计有所减少。

色彩表现：家具主体部分的色彩更多的使用白色、浅色或黑色，实木框架部分也会使用一些深暗的棕色，但厚重的大地色使用率大大减少，整体配色追求一种简约的效果，而非传统的华丽感。

象征元素的表现：实木家具上的雕花和描金/银、镀金/银的设计被大量减少，仅在关键部位使用一两处作为装点。

造型表现：延续了欧式古典风格家具的经典曲面设计，但线条更纤细，弧度更大气，同时加入了大量的直线，以表现简洁感。

工艺结构表现：整体更强调舒适性和立体感，表面通常有一些凹凸起伏的设计，以表现空间变化的连续性和层次感。

简欧风格中往往会采用线条简化的复古家具。这种家具虽然摒弃了古典欧式家具的繁复，但在细节处还是会体现出西方文化的特色，多见精致的曲线或图案，令家居空间优雅与时尚共存，适合当代人的生活理念。

常见家具速览

线条简化的复古家具

描金漆/银漆家具

高背扶手椅

欧式曲线家具

猫脚家具

曲线造型无雕花家具

雕花拉扣家具

局部雕花家具

线条简化的复古家具

简欧风格中往往会采用线条简化的复古家具。这种家具虽然摒弃了古典欧式家具的繁复，但在细节处还是会体现出西方文化的特色，多见精致的曲线或图案，令家居空间优雅与时尚共存，适合当代人的生活理念。

描金漆 / 银漆家具

黑色漆地或红色漆地与金色、银色的花纹相衬托，具有异常纤秀典雅的造型风格，是简欧风格家居中经常用到的家具类型，着力塑造出尊贵又不失高雅的居家情调。

猫脚家具

猫脚家具的主要特征是用扭曲形的腿来代替方木腿，这种形式打破了家具的稳定感，使人产生家具各部分都处于运动之中的错觉。猫脚家具富有一番优雅情怀，令新欧风居室满满都是轻奢浪漫味道。

高靠背扶手椅

在简欧客厅中高靠背扶手椅的运用广泛，既有扶手布满精美浮雕纹样的样式，也有简洁的布艺或皮质包裹而出的样式，无论何种样式都将简欧风格的客厅点染出浓郁华贵情调，同时也为居住者带来惬意的生活感受。

家具布局更加灵活化、功能化

　　简欧风格为了保留住传统欧式风格的复古格调，主要家具例如沙发、座椅、床等，还是会选择实木搭配一些皮料或质感华丽的布料的材质，但为了与传统欧式风格有所区分，并且能够体现出轻奢感，在一些小的家具上例如茶几、边几、坐凳等，也会使用水晶、合金材质、玻璃等现代材质家具，这样的组合搭配，可以营造出拥有现代感的欧式风格居室。

▲ 灰色欧式布艺沙发带着优雅曲线的扶手上，用做旧的铆钉装饰，使原本复古感十足的沙发变得具有现代气息，使家具看上去不再平淡无奇，反而更有简欧风格的特征

▲ 客厅中的茶几虽然带着优美的曲线，但在材质的选择上，以灰色的大理石作为茶几面，然后用金属做镶边和支撑，融合温润与个性于一体，营造出一种冰清玉洁的居室质感

对称和谐中的巧妙对比

　　受到东方文化的影响，简欧风格家具的摆放也非常重视对称与均衡。主角家具与配角家具的关系很明确，在布置时会有个明确的视觉中心，以视觉中心为中轴逐步向两侧扩展开来，形成主次分明的层次美感。

▲ 以墨绿色沙发为中心，围绕着中心向两边展开，不论是右侧的两个扶手椅还是左侧的长坐凳，以及沙发旁的两个边几，都是以沙发和茶几为中轴线对称

▲ 整个空间的布置完美地展现了对称的美感，从墙上的装饰线和壁灯，到两个完全一样的欧式躺椅和边几，都以对称的形式展现不一样的欧式美感

统一中出现细节变化

　　布置简欧风格家具在追求古典比例结构的审美标准时，也可以有细微的变化。可能整体布局是全部对称的，但在家具造型或材质、布艺面料或花纹上会有较大的变化，给人稳定中带着变化的轻巧灵活感。

▲ 客厅的家具数量虽然少，但两个高背扶手椅仍有着对称的美感。唯一不同的是，两个扶手椅选择了两个不同的颜色，在统一中有着变化，不会给人过于严肃的感觉

▲ 客厅的设计在变化中也透着对称与均衡，围合式的家具摆放方式，虽然使用了完全不同的家具样式，但仍有主次分明的层次感

自然的过渡与巧妙的呼应

家具之间的色彩、用材甚至是造型，可以有所呼应与过渡。具体而言，当家具出现不同色彩的组合时，为了避免破坏欧式风格的端庄感，选择相同曲线造型或材质进行过渡，这样既可以使空间家具之间有所呼应，又能在和谐氛围下展现不同的变化。

▲ 客厅中的色彩种类较多，但不会给人凌乱的感觉，反而带着和谐的优雅感，这得益于拥有相同材质和相近造型的座椅类家具。多人沙发和扶手椅虽然在色彩上形成了冷暖的对比，但因为都使用了绒布材质，并且线条上都偏向简洁平直，造型比较简单流畅，所以彼此之间即使有所不同，但也有呼应，这就使得空间能在依旧优雅和谐的氛围下呈现出不同的变化

明朗色彩家具与沉稳色彩家具的组合

简欧风格家具的色彩在确定主色调之后，辅助家具的色彩可以更多样化和明朗化。视觉中心家具的色彩可以选择稳重的棕色系或是浅色调的米色系，其他家具的颜色可以选择轻快的色彩，如亮黄色、宝蓝色、酒红色等。

▲ 客厅的色调主要以米灰色为主，以深灰色为辅，因此沙发的色彩是比墙面明度要高的同色系白色，奠定了沉稳优雅的基调。细节之处，通过靠枕、花艺、装饰画和小体量的家具等软装来点亮空间，选择较为明亮的橙色作点缀，增加活跃感和温馨感

西式家具与中式元素的融合

　　轻奢精致的欧式家具常会与含有中式元素的软装搭配，增加空间亲切感的同时也能增添优雅韵味。想把中式元素不突兀地融入简欧风格家居中，最好是利用带有中式感的材质、造型的软装进行局部的点缀，于细节之中增加传统韵味。

▲欧式扶手椅有着浓厚的西方优雅与沉稳，搭配上带有中式纹样的靠枕，整体的气质变得更加有传统复古的韵味

直线条家具与曲线家具的合理组合

　　简欧风格的家具常常会带着优美的曲线线条，以此营造出优雅浪漫的氛围。但在空间中只是出现曲线线条，会给人凌乱的感觉，让人抓不住重点，所以在简欧风格家居布置时，适当地选择直线条的家具进行搭配，可以增加空间的简洁干练感，也能平衡曲线线条的跳跃感，增加稳定感。

▲并不是只有曲线才能还原出欧式风格的优雅感，太多的曲线家具反而会给人凌乱的感觉，这与简欧风格追求简洁的精致的理念相违背。合理地搭配直线与曲线，让曲线家具中穿插着直线条的家具，可以减少凌乱感，增添清爽的现代感，整体上呈现出简约的轻奢优雅感

线条装饰家具搭配新型材质家具更能体现风格感

　　想要保留住复古奢华的优雅腔调，又不想显得沉闷，去掉繁复装饰花纹的家具似乎缺少了华丽的感觉，为了让简欧风格在追求简约的奢华时不会变成现代风格，带简单装饰线条的家具更能体现优雅的轻奢感，也能与现代风格相区别开来，再搭配上新型材质的家具，将轻奢感展现得淋漓尽致。

▲ 与古典欧式风格带有复杂花纹家具所不同的是，简欧风格家具会简化复杂的花纹、纹饰，以最简单的装饰线条代替。但简化并不是完全否定，有时候局部的、小面积的装饰纹饰也能增添精致感和优雅感

茶几和沙发风格统一

确定沙发样式和色彩后，再挑选茶几的颜色、样式来与之搭配，就可以避免桌椅不协调的情况。例如，皮质的曲线型沙发搭配同样带有曲线感的描金漆硬木茶几，便可以展现轻奢优雅的简欧风格。

▲ 米灰色的皮质三人沙发，造型简约、线条平直，因此选择了虽然线条优雅，但质感硬朗带着现代感的茶几，使两者之间有所呼应，并统一风格

中性色餐桌椅更能体现简约的优雅感

在选择简欧风格餐厅家具色彩时，可以多用中性色，如沙色、石色、浅黄色、灰色、棕色这些能给人宁静感觉的色彩，同时也可以增加优雅轻奢的氛围。另外，若想起到刺激食欲、提高进餐者兴致的功能，色彩宜以明朗轻快的色调为主，最适合用的是橙色以及相同色相的姐妹色。

▲ 灰色的餐椅搭配上金色金属装饰，表现着简约的优雅感，又带着个性时尚的现代感，十分适合简欧风格餐厅使用

▲ 棕红色的餐椅与空间的整体色调呼应，不会有突兀的感觉，配上简洁的曲线线条，反而呈现出简单干净的优雅氛围

用来摆放艺术品的餐边柜造型宜简单

餐边柜通常被用来摆放餐具或者艺术品，这时候在款式的选择上最好简单朴素一些，便于搭配艺术品。艺术品的宽度不宜长过餐边柜，以保证不失掉整体的平衡感。

▲ 嵌入式的餐边柜，用金色的线条和镜面组合而成，一方面可以扩大空间感，增补空间光线；另一方面又与其他空间呼应，形成和谐的整体

▲ 餐边柜上的饰品和装饰画以对称的摆放方式出现，给餐厅增添了欧式复古感，使原本简单的餐边柜也变得带有装饰性

二、布艺

材质表现：材料的选择上以织锦、薄纱、天鹅绒等较柔软华丽的材质为主，很少使用棉麻材质。

色彩表现：色彩或淡雅或浓郁，常用的有象牙白、大地色、暗红色等作为主色，偶尔也会出现较为明亮的布艺色彩作为点缀。

象征元素的表现：大气的大马士革图案、丰富饱满的褶皱以及精美的刺绣和镶嵌工艺都是重要元素。

造型表现：穗边和流苏的设计常常是展现精致感的重要元素，一些带有珠子的花边也有很强的装饰性。

常见布艺速览

罗马帘

流苏窗帘

复古菱形图案地毯

简欧风格中的布艺多为织锦、丝缎、薄纱、天鹅绒、天然棉麻等，同时可镶嵌金银丝、水钻、珠宝等装饰；而像亚麻、帆布这种硬质布艺，不太适用于简欧风格的家居。简欧家居中的窗帘常见流苏装饰，以及欧式华丽的帘头；花纹图案上不论何种布艺均适用于欧式纹样。

几何图案地毯

花纹图案地毯

真丝珍珠扣抱枕

明亮色彩的床品

帐幔

罗马帘

欧式罗马帘自中间向左右分出两条大的波浪形线条，是一种富于浪漫色彩的款式，其装饰效果非常华丽，可以为家居增添一分高雅古朴之美。

花纹图案地毯

地毯上的花纹一般是根据欧式家具上的雕花印制而成的图案，具有一种高贵典雅的气质，配合优雅轻奢的简欧风格空间，可以更好地彰显出奢华的品位。

明亮色彩的床品

简欧风格床品经常出现一些艳丽、明亮的色彩，有时一些个性的床品还会出现非常极致的色彩，如黑色、紫色等，给人眼前一亮的感觉。简欧风格在床品的材质上经常会使用一些光鲜的面料，例如真丝、钻石绒等。

帐幔

帐幔具有很好的装饰效果，因此在简欧风格的卧室中被广泛运用。这一装饰元素不仅可以为居室带来浪漫、优雅的氛围，放下来时还会形成一个闭合或半闭合的空间，具有神秘感。

双层款式窗帘展现现代古典之美

　　简欧风格的窗帘面料以自然舒适的面料为主，较常出现弧线、螺旋形状，讲究韵律美感，同时在款式上尽量选择加双层，力求在线条的变化中充分展现古典与现代结合的精髓之美。

▲ 餐厅使用双层款式的窗帘，一下子就有了层次感，搭配上帘头，气氛变得更加复古，并且充满了韵律之美

▲ 两层的平开帘，一层是白色的薄纱帘，一层是带着欧式花纹的棉质帘，一厚一薄的组合，有着和谐的层次感，即使绑起来也有很好的装饰效果

贵妃榻上的靠枕可集中摆设

　　简化线条后的贵妃榻虽然减少了古典感，但由于其特殊的造型，还是会自带优雅的贵族感。由于贵妃榻的造型或规格比较小，所以靠枕可以集中摆设在沙发上一侧。由于人总是习惯性地第一时间把目光的焦点放在右边，因此最好把靠枕都摆在沙发的右侧。

▲贵妃榻上也可以利用靠枕进行装饰，但最好选择与家具颜色相近的靠枕，并靠右边摆放，这样才更有和谐又突出的美感

利用靠枕平衡视觉效果

　　善用浅色系的简欧风格，常会选择米色、米黄色等色调的沙发、座椅作为空间的主色，以此奠定优雅精致的氛围，但与此同时也会带来视觉上的不平衡感，所以可以利用靠枕来达到视觉上的平衡。深色靠枕＋中性色靠枕＋个别装饰性靠枕的组合非常适合平衡浅色系的家具。想要额外增加华丽感或是现代感，装饰性的靠枕可以选择色彩或材质工艺比较精致的样式。

▲ 黑色靠枕+粉色靠枕+毛毛靠枕，配色组合上与客厅整体呼应，但又带着自己独特的装饰性，使客厅看上去既充满了层次感，又增添华丽的优雅感

植物花卉地毯搭配拉扣家具，增添复古气质

拉扣家具保留着传统欧式家具的经典优雅感觉，即使将家具的线条简化，但造型上仍然充满着复古的优雅，此时再搭配上植物花卉纹样的地毯，更能将空间的古典气质展现，与拉扣家具呼应，能给空间带来丰富而饱满的复古效果，营造出典雅奢华的空间氛围。

▲ 大面积地使用欧式花纹，会给人过于古典欧式感。在简欧风格的空间中，可以仅在地毯上出现欧式花纹，既能带来古典气质，又不会失去轻奢感

几何纹样布艺搭配直线条家具增加简约感

当整个空间的造型或材质充满了华丽的欧式感的时候，在家具和布艺的选择上就可以着重于突出现代简约感，这样才能够避免过于沉重的空间氛围。带有几何纹样的布艺简约又不失设计感，与直线条的家具搭配可以增加空间的现代感，从而突出简欧风格简约奢华的风格特点。

▲ 如果卧室的整体风格感比较强烈，并且整体线条偏平直，那么在地毯图案的选择上，可以考虑几何图案的地毯，效果比较简约又现代

复杂花纹靠枕与素雅床单打造简约的奢华

简欧风格卧室要想既有古典欧式的奢华氛围，又有现代简约的氛围，那么在床品的选择上，可以使用复杂花纹的靠枕和素雅床单的组合。为了保持整个空间简约优雅的感觉，占据视觉面积比较大的床单被罩可以选择纯色或局部带有简单图案的样式，然后利用花纹复杂的靠枕点缀，增添优雅华丽的感觉。

▲ 简欧风格的卧室床品既要保持古典感又要有简约感，那么在搭配时要注意床单以纯色为主，靠枕可以选择带有强烈欧式风格的样式，以此增添古典感

垂挂式帐幔＋烛台吊灯营造浪漫欧式卧室氛围

简欧风格卧室中常见帐幔的出现。不同于其他风格的帐幔搭配，简欧风格中常常会使用垂挂式的帐幔与烛台吊灯的组合，将人们的视线全部集中于卧室的上半部分，给人一种大气华丽的感觉。垂挂式的帐幔悬挂于床中心的上方，四周散开就能形成非常浪漫和优雅的感觉，搭配上同样带着华丽复古感的烛台吊灯，浪漫的氛围自上而下地慢慢充满着空间。

▲ 垂挂式的床幔不会占用过多的空间，却能营造出最优雅的欧式氛围卧室。白色的床幔，以孔雀蓝的穗子点缀，与卧室其他软装在色彩上有了呼应，娇媚温柔的造型，给卧室增添了浪漫优雅的感觉

创造更加宁静隔音的卧室环境

为了让睡眠品质更高，卧室适合选择遮光性佳且隔音效果较好的窗帘，例如植绒、棉麻等材料。通常来说，布料越厚吸音效果越好。还可直接使用百叶窗。窗帘容易吸纳灰尘，如果是儿童房则建议选择易清洗的材料。

▲ 棉麻材质的窗帘加上薄纱帘，白天仅用薄纱帘遮挡视线和分散光线，晚上用棉麻窗帘隔绝噪音，一物多用，还能有不错的装饰效果

大马士革图案的点缀可以增添古典韵味

大马士革图案是古典欧式风格家具布艺的最经典纹饰，在简欧风格的空间之中局部使用大马士革图案进行点缀，可以为空间增加古典气质。另外，采用佩斯里图案和欧式卷草纹进行装饰同样能达到华丽的效果。

▲ 将大马士革图案融入座椅布料之中，在隐约之中展现着欧式复古韵味，这样既不会加重沉闷的古典感，也能保留住简约的奢华

布艺色彩最好与墙面或家具同色

为了营造安静美好的空间环境，空间墙面和家具色彩都会设计得较柔和，因此选择与之相同或者相近的色调的床品绝对是一种正确的方法。同时，统一的色调也可让睡眠氛围柔和。

▲卧室床品的色彩与墙面色彩呼应，以米黄色为主色，褐色为辅，间或加入黑色做点缀，使卧室的整体感觉更加和谐柔和

▲ 床品的色彩依旧是淡雅的米白色，这与整个卧室的墙面色彩呼应。不同的是，为了不让空间显得单调，以墙上装饰画的蓝色作点缀，丰富床品层次

三、灯具

主要特征

材质表现： 绚丽高贵的水晶灯饰、带有古典韵味的铜灯、简洁精美的玻璃灯饰、优雅精致的陶瓷灯饰都非常的适合简欧风格。

色彩表现： 除了会使用精致的雕花外，大多数欧式灯具还会加上金色或其他色彩的装饰，如鎏金、描银。

造型表现： 简欧风格中最常见到吊灯、成对的壁灯和台灯，在书房或厨房等地方也会使用隐藏式的灯饰增加气氛。

常见灯具速览

简欧风格家居中的灯具外形相对欧式古典风格简洁许多，如欧式古典风格中常见的华丽水晶灯，在简欧风格中出现频率减少，取而代之的是铁艺枝灯。另外，台灯、落地灯等灯饰常带有羊皮或蕾丝花边的灯罩，以及铁艺或天然石材打磨的灯座。

欧式烛台吊灯

成对出现的壁灯 / 台灯

陶瓷落地灯

木刻落地灯

水晶台灯

欧式水晶吊灯

欧式烛台吊灯

简欧风格中的灯具相对古典欧式风格简洁许多，如古典欧式风格中常见的华丽水晶灯，在简欧风格中出现频率减少，取而代之的是精致又富有特色的灯具。较常见的有欧式烛台吊灯，这种吊灯减少了欧式风格的古韵，却不乏优雅身姿，与简欧风格的轻奢感高度吻合。

成对出现的壁灯 / 台灯

简欧风格的家居中，室内布局多采用对称手法来达到平衡、比例和谐的效果。在灯具的选用上，也一定程度上遵循了这一特色，客厅、卧室均常见成对出现的壁灯和台灯，这样的设计可以使室内环境看起来整洁而有序。

圆形水晶吊灯最适合简欧风格客厅

简欧风格客厅通常选用吊灯，因为吊灯的装饰性强，能给人一种奢华质感。这其中圆形的水晶吊灯使选择最多的，它造型复杂却非常具有层次感，既有欧式特有的优雅与浪漫，同时也会融入现代的设计元素。

▲ 餐厅的层高足够的话，多层的圆形水晶吊灯更有华丽的魅力，从上而下，丰富着整个空间的层次感，也使过于冷硬的墙面线条得到缓和

▲ 圆形的水晶珠吊灯与餐厅圆形的餐桌、圆形的餐椅呼应，整个空间恰到好处地将曲线与直线融合，没有过分的女性化，也没有过于冷硬，而是一种恰到好处的精致

沙发区域照明可依靠成对壁灯、台灯

沙发区域的照明不能过于强烈，会容易造成眩光与阴影，让人觉得不舒服，因此可以选择成对的台灯放在沙发两边，或是在背景墙上安装造型别致的成对壁灯，既能让不直接的灯光散射于整个客厅之内，又能突出简欧风格对称的优雅美感。

▲ 成对的台灯和壁灯，使沙发区域的光线变得丰富，也更有层次性，不会给人过于强烈的感觉，反而有种柔和的感觉

电视墙区域照明可用筒灯强调

电视墙是客厅中的主要部分，所以它的灯光设计应突出一些。如果有吊顶设计，可以安装一些筒灯照射在墙面上，来强调它的主体地位；没有吊顶可以采用明装式筒灯或者射灯。

如果墙面部分有造型，还可以在电视机后方设计一些暗藏式的灯具，利用光线的漫反射减轻视觉的明暗对比，缓解视觉疲劳。

▲ 电视墙区域可以选择筒灯作为主要照明，既能强调电视背景墙的设计，也不会在看电视时影响观看感受

吊灯 + 灯带烘托其乐融融的进餐氛围

餐厅的照明既要让整个空间有一定的亮度，又需要有局部的照明做点缀，这样才能烘托出一种温暖的进餐氛围。简欧风格餐厅的主光源可以选择造型比较华丽的欧式灯饰，搭配上隐藏在吊灯内的灯带作为辅助光源，可以增加顶面的层级感，散发出优雅的味道。

▲ 餐厅中央的吊灯不仅可以起到装饰作用，又能带来较集中的光源；顶面灯槽内的筒灯散发着柔和的光线，与吊灯光线形成强弱的对比，丰富了空间照明的层次性

射灯、壁灯与台灯营造浪漫氛围

想要拥有一个带着浪漫优雅氛围的欧式卧室，需要柔和自然的光线。在设计时，不用传统吊灯或吸顶灯作为主要光源，而是通过顶部的射灯营造出明暗起伏的效果，墙面上的壁灯及床头柜的台灯使灯光由上而下自然柔和，氛围立马变得浪漫有情调。

▲ 简欧风格的卧室也可以试试不用吊灯或吸顶灯作为主光源，而是选择筒灯作为顶面的光源，创造出简洁干净的顶面效果，而后在墙面使用壁灯，地面使用台灯，从上而下都有光源能够覆盖，更加有层次感，还能营造出温馨优雅的氛围

灯带设计营造书房散漫的精致

简欧风格书房的照明除了要有光线柔和的主光源，还可以有间接光源的处理，如在顶面的四周安置灯带或是在书柜里安装轨道灯，让光直射书柜上的书和藏品，产生视觉焦点变化，起到画龙点睛的效果。

▲ 隐藏在墙面的灯带，带来散射的光线，于无形中增加光线，又不会太刺眼，有种淡淡的优雅氛围

让人眼前一亮的玄关灯具装饰

玄关是人们进入家居空间时第一眼看到的地方，玄关的风格代表着整个居室的风格，也是给人印象最深的空间。简欧风格的玄关可以摆上对称的台灯作为装饰，有时候也可以用三角构图，摆放一个台灯与其他摆件和挂画协调搭配，可以给人轻奢的优雅感。

▲ 玄关顶部的小水晶吸顶灯吸引着眼球，加上墙上对称的壁灯，形成稳定的三角构图，让人一进门就能有强烈的视觉冲击

筒灯的照亮与烘托作用

居室内的过道相对比较昏暗，并且空间窄小，所以相对于造型突出的灯饰，简单又不占空间的筒灯可以说是最好的选择，只要进行合理的排布，就既可以带来比较强的主光源，又能起到局部照明作用，从而装点空间。

▲ 过道由于没有窗户，且四周都是墙，所以比较昏暗和狭窄，因此不适合选择会增加压迫的吊灯或吸顶灯。为了保证能有均衡的光线，可以均匀排布的筒灯便是最好的选择

多头吊灯 + 点光源营造豪华感

多头的吊灯会有较为震撼的视觉效果，从而形成豪华感。吊灯的色彩注意与家居中的配色呼应，同时在吊顶周围搭配上点光源，打亮墙面上的装饰和家具上的摆件，创造了多层次的光氛围。

▲ 多头的吊灯可以很容易就为空间增加华丽的氛围，即使顶面没有过多的修饰，也不会让人觉得单调，反而有一种简约的华丽

▲ 选择与餐桌形状相近的长方形多头吊灯，不仅可以将光线分散到各个位置，还能不让餐桌上方显得很空

暖黄色灯光与水晶吊灯更能够展现奢华感觉

简欧风格最常运用到水晶吊灯，特别是现代水晶吊灯。它保留了优雅透亮的感觉，又简化了造型样式，给人更加清爽精致的感觉，所以十分适合简欧风格。但想水晶吊灯能够最大程度地发挥出华丽的装饰效果，还是需要注意使用暖黄色光源，比起冷色光源，更能有富丽堂皇的奢华感。

▲ 现代水晶吊灯既有简单干净的造型，又有华丽富雅的气质，暖黄色的光源被水晶折射而出，形成亮眼又不刺眼的华丽效果

水晶吊灯的直径大小由空间大小决定

水晶吊灯的直径大小由所要安装的空间大小来决定，面积在 20~30 平方米左右的房间中，不适宜安装直径大于 1 米的水晶灯。安装在客厅时，下方要留有 2 米左右的空间，安装在餐厅时，下方要留出 1.8~1.9 米的空间。

▲ 餐厅和客厅没有明显的分隔，但通过两盏水晶吊灯从视觉上形成分隔感，并且也能保住各个区域的光线充足

四、墙面挂饰

主要特征

材质表现：轻奢风的墙面挂饰最好选择金属等新型材质，给人一种低调的奢华感，于细节中彰显简约利索的贵气。

色彩表现：墙面挂饰的色彩要与室内空间的主色调进行搭配，最好有所呼应，不要有过于强烈的对比。

象征元素的表现：以复古题材的人物或风景为主，也可以是简单的几何线条或简化的欧式纹饰。

造型表现：简欧风格中常见的墙面挂饰，以装饰画和挂镜为主。

常见墙面挂饰速览

墙面挂饰是墙面不可缺少的修饰，不同的墙面挂饰会传递出不同的居室味道。墙面挂饰的种类很多，而简欧风格的墙面挂饰更多地以复古题材为主，往往能够带来精致优雅的感觉，不仅填补了墙面的空白，也能体现出居住者的品位。

铁艺镜面装饰

装饰油画

金属边框抽象艺术画

对称装饰画组

星芒装饰镜

装饰油画

　　简欧风格装饰画最具代表性的就是油画，既追求深沉，又显露尊贵、典雅。画框多采用线条烦琐、雕花的金边。除油画外，还可以是欧式建筑照片、马赛克玻璃画等，有时候一些色彩浓郁的抽象画也可以使用。

星芒装饰镜

　　在简欧风格的空间中，挂镜一般悬挂在沙发背景墙的中央或一进门的玄关墙面上。挂镜不仅镜面有扩大空间感的效果，其金色的边框也极具装饰作用，与简欧风格的家具非常匹配。

金属拉丝画框与金属灯饰摆件制造现代简约奢华

简欧风格优雅之中充满了贵气，因此在装饰画的选择上以细边的金属拉丝框为最佳选择，最好与同样材质的灯饰和摆件进行完美呼应，给人以精致奢华的视觉体验。

▲床头背景墙使用两幅完全相同的装饰画进行装饰，金属拉丝的画框减少了古典的感觉，增添了现代的时尚感

装饰画色彩呼应室内色彩

装饰画的色彩一般分为两部分，一部分是画框的颜色，一部分是画面的颜色。为了使整个空间能有和谐感，在选择装饰画的色彩时，主色可以从主要家具中提取，而点缀的辅色可以从饰品中提取。

▲墙上的装饰画以黑白色为主，与卧室整体偏硬朗感的氛围吻合，对称的摆放在无形中又增添着欧式的美感

对称式悬挂方式展现古典韵味

简欧风格空间中常会出现对称摆放的家具、对称的灯饰、对称的摆件等。对称的摆放方式带着中式优雅的韵味，使空间看上去更加有魅力。因此对称悬挂的装饰画同样可以与空间其他软装呼应，使整体更有紧密性。但要注意的是，装饰画的内容最好选设计好的固定套系。

▲ 对称摆放的两幅装饰画，有着相同的画框和相同的色调，即使画面有些不同，但题材和风格都相近，给人一种端庄典雅的感觉。大幅的尺寸不会有拥挤感，反而放大了装饰效果

装饰画宜与墙面形状呼应

装饰画无论是摆放还是悬挂，背景都是墙面，所以建议选装饰画的时候与墙面的形状结合起来，更容易获得协调感。例如，放装饰画的空间墙面造型若是长方形，那么可以选择相同形状的装饰画，一般采用中等规格的尺寸即可，若觉得单调还可用正方形的组成长方形来制造变化感；若造型部分是方形，则建议选择方形的装饰画，若墙面没有任何造型，则可根据墙面宽度自由组合。

▲ 靠墙摆放的餐桌可能会有压抑感，可以摆放一幅装饰画来缓解。由于餐桌是长方形，所以选择方形的装饰画能够在视觉上有所平衡

茶色挂镜善于表现时尚轻奢气质

镜面的色彩很多，有金色、茶色、黑色、咖色等，但在简欧风格家居中，茶镜更加适合。它不仅可以营造朦胧的反射效果，起到延伸视觉的作用，增加空间感，而且也可以营造出复古时尚的气息，比一般的镜子更有装饰效果。

▲茶色装饰镜与卧室整个色调相近，所以不会有突兀的感觉，但由于造型的夸张，也能有不错的装饰性

▲对于采光不够的空间，挂镜不光可以有装饰作用，还能为空间增补光线，使空间看上去更加敞亮

圆形装饰镜搭配直线条家具更有典雅奢华感

挂镜的形状多种多样，但这其中以圆形的挂镜更适合简欧风格。其柔和的曲线线条，加上配有雕塑感的镶边，单片挂在墙上显得华丽典雅。如果装饰镜选择了曲线线条造型，那么家具可以直线条为主，这样组合起来线条不会显得凌乱，在拥有优雅感的同时也融入现代感。

▲ 圆形挂镜线条更柔和优雅，与简欧风格十分搭调。柔和的曲线线条，加上配有金属感的镶边，单片挂在墙上显得华丽典雅

提高艺术氛围的餐厅挂镜

挂镜是简欧风格中常用到的软装元素，可以有效提升空间的艺术氛围。如果餐厅空间比较小，餐桌又靠墙摆放，容易会有压迫感，这时装上一面挂镜可以消除靠墙座位的压迫感，同时增进餐厅情调。

▲ 餐厅的边柜上可以摆放一些艺术摆件，除此之外还可以摆放造型个性的装饰镜，为餐厅增添独特的艺术氛围，于细节之中强调现代精致

五、工艺摆件

主要特征

材质表现：材质上不局限于铁、铜等金属及树脂类，选择上更多样化，加入了玻璃、陶瓷等类型的款式。

色彩表现：色彩上以白色、金色和大地色系较多，以能突出优雅和华美特色为主。

造型表现：烛台造型的摆件最能体现出优雅的复古味道，动物造型的摆件带来灵动的自然感，树脂造型的摆件逼真有趣。

常见工艺摆件速览

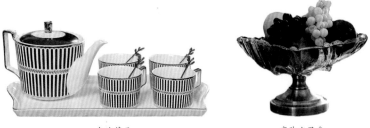

金边茶具　　　　　　　高脚水果盘

简欧风格注重装饰效果，用室内陈设品来增强历史文脉特色，往往会照搬古典设施、家具及陈设品来烘托室内环境气氛。同时，简欧风格的装饰品讲求艺术化、精致感，如金边欧风茶具、金银箔器皿、玻璃饰品等都是很好的点缀物品。

国际象棋

天鹅饰品

水晶玻璃摆件

烛台装饰

欧式麋鹿摆件

欧式红酒架摆件

金边茶具

欧式茶具与中式茶具有很大的区别。不同于中式茶具的古韵、质朴，欧式茶具所呈现的是华丽、高雅、圆润的感觉。其大气的造型，加上描金工艺，体现出新欧式家居风格的轻奢感，为生活带来高品位的享受。

水晶玻璃摆件

水晶工艺摆件的最大特点是玲珑剔透、造型多姿，如果再配合灯光运用，会显得更加透明晶莹，大大增加室内感染力，增添精致浪漫的氛围。

国际象棋

国际象棋又称欧洲象棋或西洋棋，它在西方国家很受欢迎，是集艺术、科学、知识为一身的脑力游戏，具有浓厚的欧洲文化色彩。将其摆放在新欧式风格的空间中，体现了文化底蕴的源远流长，独具特色。

高脚水果盘

高脚水果盘具有大气、简洁的轮廓，以及优美、流畅的造型，散发出浓郁的浪漫气息，且充满艺术感。将其放置在新欧式风格的家居中，盛满新鲜的果子，营造出休闲时光，既美观，又实用。

对称平衡摆设制造和谐韵律

把一些工艺摆件对称平衡地摆设组合在一起，这样的组合方式非常适合简欧风格的居室。把两个样式完全相同或是差不多的工艺摆件并列摆放，可以制造和谐的律动感，还能给人优雅精致的感觉。

▲ 书架上的摆件以对称的摆放方式展示着，似乎有种正经的美感，搭配着金属质感的书架，将古典美感与现代个性融合

▲在欧式床两边对称摆放的床头柜上，摆放着样式相同的相框，有种整齐对称的美感，给人精致优雅的感觉

少而精的工艺摆件摆设

简欧风格追求的是简约的奢华，所以投射在工艺摆件的设计上，也遵从少而精的设计理念。相比所有摆件杂乱的堆砌，还不如选择一到两件造型精美的摆件进行布置，反而更能呼应出轻奢的氛围。

▲ 客厅的装饰摆件屈指可数，却都能一眼抓住人的眼球。个性的造型，特殊的材质，与空间呼应着又独立着，为空间增添生动的美感

多个摆件组合要注意层次分明

工艺品摆件的色彩、造型和风格多样，使用灵活，按照尺寸可以分为大、中、小三类。通常来说，大型摆件都是单独使用的，放在空间的中心位置上来强化风格特征；中小型摆件则多放在台面、柜、搁架之上，多组合使用，一般遵循前小后大的原则。

▲ 多个摆件组合时，摆件之间最好要有呼应。不论是造型、材质还是色彩上，可以有一到两个相似的地方，这样才能有不凌乱的层次感

单一材质＋精致雕刻展现低调的华丽

简欧风格的工艺饰品在选择上可以多采用单一的材质肌理和装饰雕刻，尽量采用简单元素。如床头柜上不锈钢材质的首饰架加上华丽的珠宝点缀，造型复古的树脂材质的相框等都能够成为简欧风格的最佳配备。

▲ 陶瓷制品经过精心的雕刻，呈现出经典的欧式精致感，带来不可小视的装饰作用，给人留下深刻的印象

具有现代和古典双重审美效果的工艺摆件

本身带有古典韵味的工艺品通过现代技术或材质的改造，会有别样的味道，兼备现代和古典双重的美感，例如金属质感雕花椭圆形相框、不锈钢烛台、陶瓷材质天使装饰摆件等，混合着现代和古典的韵味。

▲ 现代造型金属质感的个性摆件与相同材质雕刻精美的蝴蝶造型摆件，一个轻快生动一个创意个性，一个复古一个现代，完美地组合在一起装饰着居室

金属摆件增添精致的现代感

简欧风格空间中的工艺摆件，除了避免使用木质这种感觉特别温润的材质以外，并没有特别的局限性。但相比较而言，金属材质的摆件与简欧风格非常地搭配，流畅的线条和完美的质感，带着满满的现代感，能够为空间增添简约的优雅气质。

▲ 茶几上摆放的金色金属摆件，色彩上与整个空间色调呼应，造型上线条柔和与家具线条呼应，不仅能很好地融入空间中，而且也能带来不错的装饰效果

复杂造型烛台装饰为简约线条餐桌增添古典风情

如果餐厅的家具造型比较干净简约，没有过多的修饰，那么想要体现出强烈的复古感，可以从餐桌上的装饰入手。造型复杂华丽的烛台装饰便是不错的选择。烛台装饰本身就具有怀旧风情，再搭配上雕刻精美的纹饰，会给人抢眼的复古华丽感觉，放到简欧风格的餐桌中，不仅可以增添古典韵味，还能带来浪漫的光影效果。

▲ 餐桌上以复古造型的烛台摆件装饰，将欧式的典雅悄悄带入餐桌上，优雅复古的造型与做工，无不在散发着华丽富贵的味道

利用灯光效果增加本身魅力

摆放家居工艺饰品时要考虑到灯光的效果。不同的灯光和不同的照射方向，都会让工艺饰品显示出不同的美感。一般暖色的灯光会有柔美温馨的感觉，比较适合树脂类的工艺摆件；冷色的灯光会有冷静明亮的感觉，照射在水晶或玻璃材质的工艺摆件上，看起来更加透亮。

▲ 白色光源的筒灯照射在瓷器装饰摆件和金属装饰摆件上，折射出干净的光线，为空间增添冷静明亮的感觉

六、绿植花艺

主要特征

材质表现：花材种类多，用量大，一般以草本花卉为主，比较追求繁盛的视觉效果。

色彩表现：色彩浓厚、浓艳，创造出热烈的气氛，具有富贵豪华的气氛，且对比强烈。

造型表现：花艺总体注重花材外形，追求块面和群体的艺术魅力，布置形式多为几何形式，讲求浮沉型的造型，常见半球形、椭圆形、金字塔形和扇面形等。

常见绿植花艺速览

球形花艺

玻璃花瓶高枝花艺

金属感散枝绿植

西洋式插花区分为两大流派：形式插花和非形式插花。形式插花即为传统插花，有格有局，强调花卉之排列和线条，但不太适合家居；非形式插花即为自由插花，崇尚自然，不讲形式，配合现代设计，强调色彩，适合于日常家居摆设。

金属花器欧式花艺

小巧组合花艺

陶瓷盆器球形绿植

金属花器与西方风格花艺展现轻奢感

当色彩浓烈、造型丰满华贵的西方风格花艺，碰上庄重华丽的金属花器，不仅能够带来非常显眼又具冲击力的视觉效果，而且能展现出带有一丝现代感的精致。但在搭配时要注意，在简欧风格中，金属花器最好不搭配颜色过浅的花艺，否则会失去豪华精致的感觉。

▲ 卧室花艺的选择在色彩上与床品布艺呼应，选择了清新淡雅的蓝色，搭配上相近色系的绿色，给人一种清爽的感觉，再以金色金属花器搭配，增加精致的暖意，展现出富丽豪华

曲线花器＋鲜花花艺营造生动优雅的氛围

相较于直线条的花器，带有优美曲线的花器似乎更加适合简欧风格，如果再搭配上色彩鲜艳的鲜花花艺，在充满大自然最本质的气息之下，展现出活跃愉快的欧式优雅。

▲ 造型独特的花器搭配上个性的鲜花花艺，不知不觉中展现出优雅而精致的态度，为空间增添奢华的氛围

▲ 餐桌上的鲜花花艺香气自然淡雅，搭配陶瓷花器，在无形中增添优雅而低调的感觉

花材丰富的欧式花艺要注意色彩的重量感和体量感

　　花卉间的合理配置，应注意色彩的重量感和体量感。色彩的重量感主要取决于明度，明度高者显得轻，明度低者显得重。正确运用色彩的重量感，可使色彩关系平衡和稳定。例如在插花的上部用轻色，下部用重色，或者是体积小的花体用重色，体积大的花体用轻色。

　　色彩的体量感与明度和色相有关，暖色膨胀，冷色收缩；明度越高，膨胀感越强；明度越低，收缩感越强。在插花色彩设计中，可以利用色彩的这一性质，在造型过大的部分适当采用收缩色，过小的部分适当采用膨胀色。

▲ 整个餐厅空间色调比较暗，所以可以选择色调较明快的白色花艺进行装饰，使空间压抑感降低，增添优雅干净的氛围

▲ 黄色的花艺和红色的花艺搭配，形成强烈又好看的装饰效果。由于都是暖色调的花艺，所以自带膨胀感，即便是单朵花艺也不会觉得单调

繁盛的花艺搭配简约花器最简欧

如果选择的欧式花艺花材比较丰富，色彩较为缤纷多样，造型上也比较大气繁盛，那么在花器的搭配上，应尽量以无花简单造型的玻璃花瓶或陶瓷花瓶为主。这样的搭配才能形成动静相宜的简约感，不会有繁复杂乱的感觉，能更好地表现出简单的奢华。

▶ 整个客厅的色调较为淡雅，将花材丰富、造型突出的花艺摆在客厅视觉中心的位置，装饰着整个空间，带来丰富优雅的欧式风情

花枝较短的花艺 + 矮小花器营造灵动美意

花枝较小的欧式花艺，虽然没有长枝花艺那样自带大气的韵味，但也能拥有灵动活跃的现代感，搭配上造型可爱、线条柔和的花器，可以增添小巧精致的感觉。

▶ 餐厅桌上的花艺以小巧为主，花形上可以是优雅的球形，这样能够突出简欧风格的典雅和庄重

仿古摆件与现代设计的融合

在古典欧式风格之中，例如巴洛克风格或洛可可风格的空间之中，除了擅长使用富丽精致的家具和布艺来表现其奢华感，在装饰摆件等细节的处理上也十分重视。即使是简单的装饰摆件，也会利用复古的造型和精致的雕花来展现出奢靡华贵的感觉，镀金、雕刻、曲线造型等手法都被运用在装饰摆件之上，形成既古典又奢华的氛围。

▲ 塑像、镀金的餐具或茶具、繁复雕花的烛台等复古造型摆件都为空间增添着古典美感

传统造型塑像　　镀金欧式茶具　　雕刻果盘　　精美雕花陶瓷摆件

而在简欧风格中，为了能够增添古典感，也会用仿古摆件来烘托表现。这些装饰品在形态上保留了古典的美感，却简化了做工手法，以更加简洁的形态来展现传统古典气韵，这样也能与简欧风格的现代设计更好地融合，慢慢地呈现出古典气质。

现代感雕像　　无雕花陶瓷摆件

水晶果盘　　银质茶具

▲ 客厅整体的氛围偏向现代感，但在细节处延续欧式古典风格装饰特点，使用了人物塑像、茶具、红酒架等复古造型装饰，增添了古典韵味

第五章 ❦

简欧风格案例解析

简欧风格不再追求表面的奢华和美感，而是更多解决人们生活的实际问题。在保持现代气息的基础上，变换各种形态，选择适宜材料，配以适宜色彩，极力让厚重的欧式家居体现一种别样奢华的"简约风格"。在软装的应用上主要强调力度、变化和动感，选择简洁化的造型，减少了古典气质，增添了现代情怀，充分将时尚与典雅并存的气息注入家居生活空间。

馥满优雅的幽灰美宅

设计公司：内舍设计

项目面积：139m²

案例说明：本案以简欧风格为主，整个空间主色调是略带灰度的蒸汽灰，辅以低饱和度的香槟粉和红棕色做点缀，使得空间更富有质感，体现了灰度空间的恬静典雅。从整体到局部，精雕细琢，镶花刻金都给人一丝不苟的印象。一方面保留了材质、色彩的大致风格，仍然可以很强烈地感受传统的历史痕迹与浑厚的文化底蕴，同时又摒弃了过于复杂的肌理和装饰，整体尽显欧式风格之美。

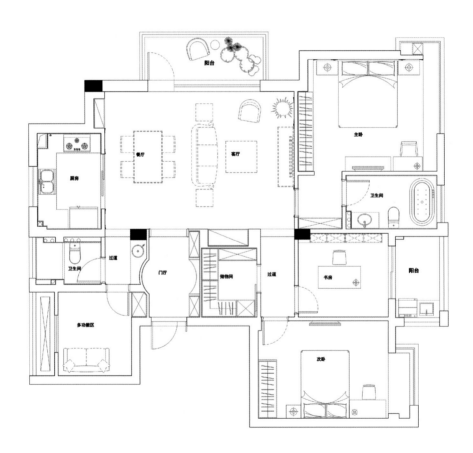

平面布置图

玄关采用白色墙面配合灰色金线图形的大理石瓷砖，显得格局宽广。圆形的设计，打破了它原有的沉闷，右侧白色柜体增加了玄关的储物及放置物品的空间，搭配灰底白色花朵油画，体现了其优雅情调

① 采用了线条简化的欧式特色家具，这种家具虽然摒弃了洛可可主义的奢华复杂，但在细节处还是体现出西方文化的特色，以柔顺的线条勾勒出优雅迷人的魅力。色彩上沿用了玄关的丁香灰，与家具的主体色做呼应。在单椅设计上，选用了黄白条纹的布料，给空间增添了趣味性

② 电视背景墙以灰白色简洁的线条代替复杂的花纹，构建出优雅大方的层次感。墙体既留有空间的整体性，又有线条创造的细腻之处带来的微妙之感

③ 金属拉丝的边框可以减少油画的古典感，增添现代时尚的感觉。金色系的色调也被运用在工艺品摆件和花器上。三者之间形成呼应，更有整体感，也更能显出欧式的精致及优雅情调

① 客餐厅之间流畅的空间动线及统一的色调让整块区域都平和起来，饱含欧式韵味的灯具也让整个空间气质更为突出。餐厅家具的色彩和线条与客厅的家具统一，但为了让空间有变化感，在细节处有不一样的处理。餐桌腿部的雕花让餐厅的氛围更为精致，比客厅更有富丽感

② 厨房的地砖与餐厅相呼应。白色橱柜搭配石纹墙地砖，复古典雅的装饰，打造通透洁净的空间。金属色的橱柜把手也为空间增添精致感觉

①
②

① 主卧温馨大气，无过多的陈列摆设，打造一个绝对安静的睡眠空间。主色调为白色，原木地板与室内色调的融合为房间注入阳光般的温暖

② 旧木色梳妆台优雅的弧形设计，精致优美的雕花，立体生动，彰显奢华。搭配淡金色镶边的圆背座椅，优雅清新，刚柔并济，舒适而又不减奢华

③ 主卫空间较小，形状狭长，利用白色调和，视觉上又扩大空间的效果，减少压抑狭小的感觉。空间的线条、装饰简单，没有过多的设计。墙面用灰色系瓷砖铺贴，既有设计感又能拉伸整体高度

① 白色和棕木色搭配，以暗橙色点缀，儿童房立马变得温馨起来。优美的曲线造型装饰性强又能保护孩子不受伤害，花纹壁纸的使用令空间氛围变得柔和、活泼起来

② 书房作为家庭的学习区，主打一个"静"字。浅色柜子给使用者平和的感觉，而足够的收纳空间也可以容纳空间主人的所有书籍，实用与美观兼得

③ 客卫的面积较小，白色和灰色的马赛克拼接包裹了整个空间墙面，搭配复古色的椭圆形浴室镜和壁灯，给人一种低调奢华的质感

①
②｜③

银屏金屋 浮夸华奢

设计公司：内舍整体软装

项目面积：130m²

案例说明：本案设计摒弃了欧式复古的浮夸造型，以现代设计手法，融入轻奢风。整个空间将银白色作为基调，搭配明丽的金属色，并以稳重的黑色线条点缀，打造一个沉稳而时尚的优雅空间。大理石、实木等天然材料的运用，保证空间呈现出健康的优雅感，为家人打造出舒适又安全、美观又有质感的生活空间。

平面布置图

入户门进来是一片开阔的空间，没有独立的玄关空间，所以以一个顶天立地式的玄关柜作为主要装饰。玄关柜简洁流畅的线条设计，淡雅的配色再搭配上一个有趣的装饰品，玄关的整个格调就彰显了出来

① 客厅背景墙的设计在纯白色的主基调上，用灰色的大理石与金属材质进行调和与碰撞。时尚现代的金色电视柜搭配典雅气质的装饰摆件，放在整个空间中，却又让人觉得很和谐

② 带有欧式特色的家具摒弃了欧式古典的奢华复杂，以柔顺的线条勾勒，将迷人的风情展现得恰到好处。色彩上沿用了玄关的丁香灰，与家具的主体色做呼应。在单椅设计上，选用了改良米色贵妃榻，给空间增添了变化性

③ 米白色的拉扣座椅色泽低调内敛，造型古典而华美，线条柔和精致，弧线形的椅背与直线型的餐桌相呼应，沉稳细腻的餐厅桌面映衬雅丽的蓝花餐垫，餐厅空间奢华的风格之中又巧妙添加一丝清新，相得益彰

④ 餐厅大量复古造型家具让整个空间显得富丽堂皇，米白色与香槟色的运用简约而不张扬，低调的色彩之中蕴含着奢华的高级质感，令人一见倾心

①
②

① 主卧设计选用欧式曲线感家具，卷曲的纹理渲染着穆雅的居室氛围。木质、布艺、软包材料的运用增加了质感的丰富性，空间内的美感由饰面上的纹理一层层地延展开，带来优雅的氛围

② 整个主卧的色彩淡雅统一，没有使用鲜艳的点缀色，而是用相近色营造出舒适温和的卧室环境。整个空间的线条流畅，给人以爽快的观感

① 温和舒缓的色调，浅雅柔美的材质选择，让整个环境氛围凝聚优雅气质。高靠背的布艺软包既能体现尊贵的格调，又不张扬。床头墙上的长幅装饰画，是整个卧室色彩的亮点，能够增添活跃感

② 儿童房家具选择了清爽干净的白色，平直的线条、优美的造型，给孩子一个平和安定的睡眠空间。带着童趣的装饰摆件，增添天真无邪的童趣，给孩子创造欢乐美好的氛围

① ——
②

① 客卫在配色上延续了整个空间整体的基调，白色的瓷砖搭配浅褐色家具、地砖，不仅体现出了空间的质感，又增添了一抹优雅的气质

② 过道不长，所以省去了墙面设计和地面设计，仅在过道尽头的墙面摆放一幅色彩明亮的装饰画，整个空间没有过多的装饰，显得干净清爽，简单的地面线条拼接、顶面分层的设计，让过道也变得轻奢起来

③ 衣帽间的设计实用而间接，量身打造的定制衣柜，淡雅的木质色彩，整个空间看上去非常敞亮。适当的摆件或花艺的点缀，中和掉实木家具的呆板感，增添优雅精致的感觉

尊享雍华的淳雅之家

设计公司： JULIE 软装设计

项目面积： 200m²

案例说明： 本案中空间形式恪守简欧风格的威仪，端庄对称的规律，于细节处采用轻盈优雅，绵绵不绝的卷曲，形成鲜明对比之余又互相协调、融合，孕育出风格独特的宅居空间。色调上的处理，巧妙采用金色搭配蓝灰色，构建起整个空间的主色调，经典与摩登顿时跃然而出，营造出宫廷般的豪华效果。

平面布置图

整体蓝灰色墙面肌理感丰富，搭配复古造型家具，整个环境氛围凝聚优雅气质，配合深蓝色与暖黄色的靠垫，显眼的撞色对比，既强烈而又和谐，一柔一刚，更生动地体现出家具不一样的轮廓曲线，汇聚出动人风情

① 当复古造型遇上新型材料，便能碰撞出不一样的美感。晶莹玻璃材质的高脚果罐，有着古典欧式的优雅与矜持，又带着现代风格的简洁清爽，两者融合形成了独特的简欧风格装饰摆件。餐厅的墙面沿用了客厅的灰蓝配色，没有特别多的装饰修饰，仅以一幅充满现代感的抽象油画作为点缀，色调上也与空间配色呼应，不会有突兀的感觉

② 餐厅餐边柜的设计是整个空间的亮点所在。低矮的深棕木色线条装饰边柜，稳重低调，搭配上张扬的金色装饰物，没有轻浮或沉闷的美感，反而有一种稳定的高贵感。金色星芒装饰、金属花瓶，完美地将现代与古典融合，为用餐环境增添别样的风趣

③ 深色木作沉稳大气，搭配浅色餐椅，让空间更有层次感。曲线家具既有尊贵格调，又不张扬。装饰挂画、小配饰摆件为整体空间带来更丰富的色彩层次

① 深棕色实木电视柜有着沉稳而内敛的格调，以金色装饰线修饰，增添了华贵的感觉。电视柜上没有摆放过多的装饰，简单地摆放着一个花瓶和一个相框，显得简洁又优雅

② 具有低调奢华特质的欧式家具，将怀古的浪漫情怀融入现代卧室当中，简单干净的墙面设计，不会与复古造型的床头争夺眼球，造成杂乱的空间感。精致的水晶吊灯和简洁的分层式顶面，兼容华贵与简约

<table>
<tr><td>①</td><td>②</td></tr>
</table>

清新的淡水蓝搭配浪漫甜美的少女粉，营造出温和且温馨的卧室氛围，让人感受到了无法抗拒的公主般的高贵。直线条的单人床有着现代风格的简约和干练，软包拉扣的样式却带着欧式古典感，有着优美曲线的座椅让空间的线条变得丰富起来，视觉上也更添了柔和感

① 书房区域运用深色实木与浅色布艺结合，无论是从色彩上还是形态上都丰富了空间层次感，欧式的奢华格调也更为突出。配饰的选择也使整个空间欧式情怀浓郁，灵动的水晶灯饰为实木空间带来轻巧的优雅感，减少沉闷感觉

② 金色饰面的玄关柜带着繁复的花纹，奠定着空间华丽精致的基调。相同色系的装饰画、装饰花艺以及装饰摆件，形成和谐又对立的效果。典型的欧式布置手法，让狭小的玄关变得精致起来

① | ②

含蓄内敛的皇家典范

设计公司：禄本设计

项目面积：140m²

案例说明：本案把过道与小钢琴厅空间叠加，增添了空间改造乐趣。餐厅与客厅的空间较为中矩，所以在厨房移门的处理上结合了现代的无门洞门框的处理，大部分时间厨房可以是开放厨房，释放了餐厅有限的空间。整屋的储物几乎无处不在，公共空间的储物也是非常充足，特别是主卧双开放式衣帽间，同时解决了主卫正对着床体的局面。

平面布置图

①
②

① 一张带着精美雕花的换鞋凳，一盏复古水晶串灯，便是玄关全部的装饰，这样简单的设计，让原本不大的玄关看上去不会有拥挤的感觉，也能保证拥有充足的光源；定制的玄关柜与墙面造型统一，既能保持整体的统一和谐，又能在无形中增加收纳能力

② 墙面大面积的素雅墙纸，奠定空间的庄雅低调，给简欧风格的蔓延增加了更多可能性。家具的颜色比墙面较深，金色的描边让整个简欧风格显得更加精致庄重；窗帘的颜色和拼花高背扶手椅的颜色遥相呼应，沙发上的奶牛纹抱枕带着现代个性感，点缀得恰到好处

① 餐厅的色彩展现出古典美与现代生活文化的结合，以米褐色、灰绿色为基调，雅致的雾霾蓝、棕色作为点缀，使整个空间更具尊贵感。配合优雅的石膏线条和壁纸，赋予空间沉稳、典雅的神韵

② 通往厨房的墙面将青砖与面板结合，蜿蜒的曲线造型，融汇东方气韵与西方美学；厨房深棕色的橱柜与其他空间呼应，复古造型的玻璃灯，让厨房也能有淡淡的古典韵味

① 雅致的软包床头，舒适的丝绒材质与雅致的灰色融合，点缀相同材质粉嫩的靠枕，带来优雅浪漫的休憩氛围；多色复合地板充满个性，与水墨感的地毯搭配，中和掉张扬的气质，留下欧式雅致的时尚情怀

② 浴室以白色瓷砖为主体，配合天花板内嵌式光源和镜前灯，让卫浴间显得温暖整洁而舒适。小窗的设计是为了让卫浴间可以自然通风，保持干燥，也有助于散去浴室氤氲的水汽

① 次卧以灰白色为主，简约冷静，营造出带有现代感的环境。白色的双人床线条优雅，有着欧式古典的味道，与深色的床品形成明暗的对比，鲜明的差异化表达让视觉层次更加丰富

② 独特建造的双层床就像公主的城堡，满足孩子可爱的幻想，粉色与灰色调的绿色搭配，不会特别活泼也不会过于沉闷，不论是床下的收纳柜还是楼梯，都用欧式线条修饰，散发着优雅的美感

① 卫浴间以灰白色为基调，营造干净整洁的氛围，再选择花纹复杂、色彩丰富的瓷砖拼接，增添活跃的复古感，让洗漱也变得有趣和精致起来

② 简欧风格的过道优雅雅致，清爽简洁的墙面线条、拼接的地板或地砖沉稳而淡雅，小巧简约的灯饰让空间显得更加充满活力

①

②

银霜紫调 奢尚人生

设计公司： 魅无界设计

项目面积： 143m^2

案例说明： 霜灰色的素雅糅合紫色的浓郁，形成法式的优雅气韵，犹如柔光下轻扬起的一曲华尔兹，滑步旋转间，绽放出居室旖旎浪漫的情绪。绸缎与丝绒的轻柔，卷裹着金属线条的典雅质感，此间的韵律，似是琴弦上的音波，流转之间令人迷醉其中。

一层平面布置图

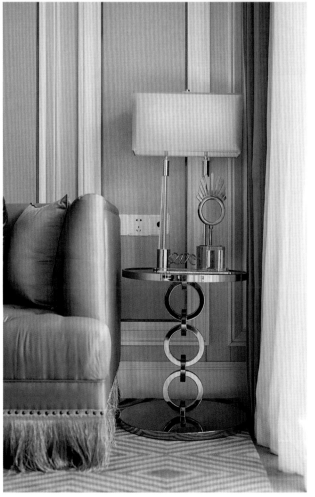

解析
案例

在低调优雅的灰白基底包围之下，利用紫色点缀，为客厅增添浪漫情韵。气质典雅的欧式护墙板置入空间，分隔客餐厅的界限。沙发上的流苏点缀，令空间的氛围变得舒缓而灵动。壁上相对的挂画，一幅是色彩的恣意相融，宣扬自我；一幅似倾洒而出的酒香，妩媚迷人又轻雅愉悦，自然而然地渗透到每个角落

① 餐桌的布置往往也能展现空间的风格特点。呼应整个居室色彩的紫色餐巾搭配金色的餐巾环，浪漫之中又带着华丽而精致的格调。纤细的金色餐具和被金色点缀的玻璃餐盘，都散发着优雅的魅力

② 餐厅空间在细节上显露简约雅致的艺术气息，挂画与单椅上印刻着大理石的自然纹路。金属椅腿的勾勒，与软包的柔软形成质感对比。风铃般轻盈的灯饰下，一种法式典雅的恬静跃然于空间中

①
_____

②

① 在马卡龙粉紫色调空间中，造出梦幻与色彩糅合而成的奇妙世界。南瓜车造型的童床、藕粉色的色调，散发着甜美又梦幻的气息。小巧却精致的衣橱、床头柜，十分适合孩子使用，还能为卧室增添绮丽又精致的感觉

② 儿童房的家具在保留天真可爱的同时也将整体空间的风格感融入进去，粉色的衣柜以金属线条装饰，便有了公主般的精致感，为空间增添优雅感

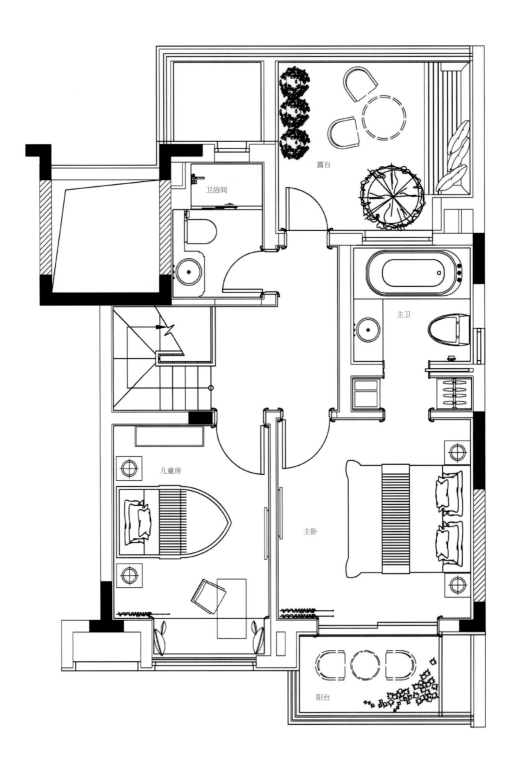

卫浴间

露台

主卫

儿童房

主卧

阳台

二层平面布置图

① 主卧空间没有过多的装饰设计，取而代之的是空间由浅至深的色彩语言——烟粉、香芋紫、嫣红。色调层层推进，与各类材料融合，令美的余韵从渐变韵律中焕发出来

② 粉色方格造型的床尾柜，造型清爽干净又带着一点点的浪漫味道，抽象的黑白装饰画与大理石纹花器呼应，带来柔美又简约的现代感

①
————————
②

摩登格调 雅奢之家

设计公司： 赫设计

项目面积： 140m²

案例说明： 本案设计手法简约，将浪漫的复古气息与欧式风格完美结合，深入生活，反复思考，描绘出最丰富浪漫的空间效果。客厅墙面选择浅灰色乳胶漆，选用现代欧式家具，将空间层次搭配得条理有序。沙发背景选择布料硬包造型墙，将空间层次分离出来，简单而不失品质。

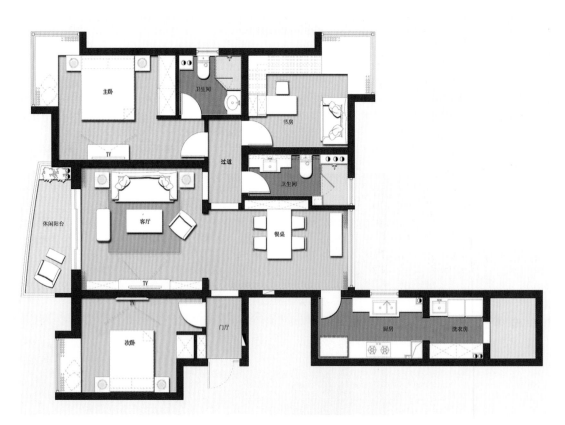

平面布置图

① 灰色与白色为主的简欧风格客厅，从软装布置上增添着精致与优雅的感觉，从而打破无色系配色带来的冷硬感。暗橙色的扶手椅、金色的装饰壁饰、花朵造型的茶几、复古雕花的边几，都为客厅增添着精致夺目的视觉效果

② 巧妙运用镂空屏风隔断处理客厅与客卫的关系，同时利用亮片的墙饰及金属材质的折射力拓宽空间视觉感及表现光影的和谐及穿透力，创造出直击心底的优雅魔力，让时尚、轻奢成为这个空间的一大亮点

解析
案例

①
②

灰白基调的客厅，通过软装载入复古的铜色、矜贵的银色和活力的橙色，附着于皮质、布艺、金属材料之上，让色彩的冷暖与材质的刚柔相融，展现出优雅的生活美学。鲜花造型的白色茶几为空间色彩减重，用浅灰地毯、高明度的组合抱枕、活力橙的沙发，给空间增添一抹亮色

① 会客空间与就餐空间由通畅的过道分割，两处色彩遥相呼应，由线条构成镂空的隔断，衍生出精致而有序的生活气息

② 餐厅的搭配延续客厅的元素，通过墙饰的点缀丰富整个空间。利用黄铜的高级质感，搭配大理石的温润内敛及布艺的绵柔亲和，在视觉上形成一股极强的艺术张力，打造出时尚而精致的就餐环境

①
②

① 冰蓝与热橙的碰撞，在米黄色的背景墙上，释放出强烈的艺术感，抽象的画笔之中，氤氲而生的是精致而高雅的格调

② 花纹壁纸装点的床头背景墙，亮丽的色彩，虚实之形与另一侧的素雅木色装饰，形成强烈的对比效果，给人视觉冲击感，通过米色的窗帘及舒适休闲的飘窗空间而交接，在光线的投射下，熠熠生辉，给人愉悦轻快之感

① 作为一个机动空间，既具备强大的储物收纳功能，又具备休闲、娱乐、办公、客房几大用途。墙面的米白色装饰板搭配乳白色的线条家具，金色的吸顶灯，亮面橙色布艺抱枕，浅灰色的休闲沙发，棕褐色的实木地板，整个色系由浅至深的渐变，视觉上既美观又舒适，还不缺乏情调与精致的品位

② 厨房空间连通洗衣房，呈一字展开，低调灰的整体橱柜，布局有方，方正之间，体现低调洁净之美，将零碎杂物规整，用合理的动线包容生活中的烟火味

③ 以镜面、金属、玻璃、瓷砖等材质的质感和独特的属性，来拉伸整个卫浴空间感，并且保证了室内充足的光线和通透性

恒久精致融合现代奢华之家

设计公司：熹维室内设计

项目面积：220m²

案例说明：本案设计以灰色木作与精致线条贯穿每个空间，奠定出复古沉稳的优雅简欧氛围。木质护墙板的大面积运用，不光出现在客厅背景墙上，餐厅、卧室、书房甚至厨房都能看到，这样的相互呼应让空间成为一个紧密的整体，但又拥有各自不同的魅力。

一层平面布置图

解析
案例

玄关的设计与整个空间统一，定制灰色木作玄关柜，精致的欧式线条，肉眼可见的质感，瞬间提升了空间的品质。入户做了功能鞋柜，将鞋柜与换鞋凳完美结合，兼具使用功能的同时，保证整体效果

客厅的背景墙是整个空间的亮点所在，精致的护墙，让壁炉与书柜完美地结合，灰色又让木质更富现代时尚元素，稳重大气。个性的蓝绿色沙发，为空间增添了一丝活力，搭配黑色方形茶几与同色系单椅，让空间更加完整统一。仿古造型的工艺摆件，在无形中增添历史文化气息，融合在现代设计之下慢慢地散发出古典气质

餐厅色彩上延续了客厅的配色，顶面造型也与客厅顶面呼应。墙面统一造型的酒柜，实用又美观。同样的黑灰色系餐桌和餐椅，搭配精致的水晶吊灯，又有一丝梦幻的感觉。同时，随处可见的精致餐具与摆件，让空间更加丰富有内容

灰色系的木作搭配经典复古的家具款式，使用更加稳重的深色木质家具，营造出平和成熟的卧室氛围。蓝色系窗帘和橘色系单椅来为空间点缀，搭配精美的台灯与摆件，让空间不会过于沉闷，同时也能与客餐厅的元素呼应，让空间显得统一

① 书房空间使用了蒂芙尼蓝色，与灰色墙面搭配，有种现代优雅的感觉。软木墙的运用，节约收纳空间，拿取东西也更加方便

② 橱柜选择了干净的灰白色，造型同样采用了欧式线条，清爽干净的同时还有复古的优雅之感。灰色系的瓷砖墙面与地砖，更好打理，也让厨房更加整洁清爽。明亮的射灯照射，使空间看上去没有那么沉闷

① ②

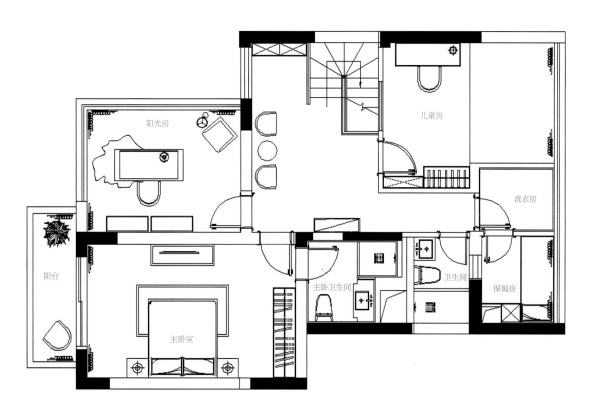

二层平面布置图

主卧的家具区别于传统的家具造型，结合更多时尚的元素。红色与绿色的撞色台灯，略有复古的味道。床品的橘色点缀与蓝色窗帘的撞色搭配，时尚活力。不同的色彩赋予空间活力，丰富了空间的层次，也不显得突兀

① 主卫采用干湿分离的设计，充分利用了空间。线条浴室柜是空间奢华优雅感的来源，创意装饰画则是现代感的表达，二者结合，形成轻奢又个性的卫浴空间

② 蓝紫色来搭配整体的灰色木作，私人定制款书桌，同样延续了客餐厅的木作线条，整体统一。梦幻的水晶吊灯，如童话般；精致的摆件与书籍，增添了更多的生活气息

③ 原本是露台的阳台，经过后来的设计变成了阳光房以及书房。大面积的玻璃窗，让视野更加开阔，红砖墙面的设计增添硬朗感，与实木雕花的书桌椅搭配，能够传递出绅士的欧式风韵

独栋豪宅的浪漫奢享

设计公司：南京观享际设计·SKH 室内设计团队

项目面积：664m²

案例说明：本案用了大量的装饰细节使得古典与现代、传统与时尚的元素兼容并蓄，从而达到低调的华丽效果。空间内或柔美或遒劲的线条，演绎出丰富的层次感，搭配恰如其分的色彩，巧妙地修饰了单一和压抑感。

负一层平面布置图

楼下的休闲室成了家人观赏影音最棒的地方，柔软舒适的皮面沙发，造型个性又不乏舒适的坐感，围合式的摆放方式能够促进家人之间的交流，也不会影响观影的效果；整体浅色调的布置，给人一种悠闲放松的感觉

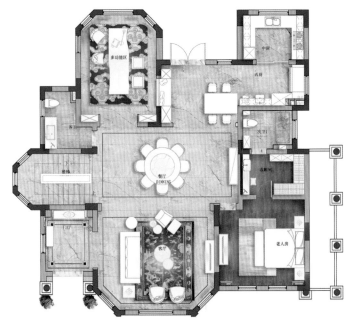

一层平面布置图

门厅处看上去没有过多的设计，但却从细节中给人低调的奢华。垂挂的水晶吊灯与大理石背景墙带来华丽感觉的同时，视觉上降低了过高层高带来的空旷感

① 　②

① 圆形的餐桌简单大方，更能满足一家人团聚的需
求；圆形的水晶吊灯与圆形餐桌呼应，垂坠而下的珠
子，剔透发亮，带来精致典雅的观感；餐边柜的色彩
与餐桌一致，上方的墙饰带着抽象的审美；整个餐厅
的色彩沉稳内敛，静静地散发着雅致氛围

② 客厅中采用体型非常大的吊灯，形成了富丽堂皇的
视觉效果。材质上采用了复古色铁艺作为构架，镶缀
着水晶作为表面，圆形的造型使内部灯光发散出多层
次的效果，成为客厅最抢眼的中心

① ──────

② ──────

① 吧台的设计亮点在于灯饰。通透干净的玻璃材质、时尚精致的曲线造型，既有古典的繁复之感，又有现代的简约之美；吧台椅和吧台桌的线条平直，整体给人简约干净的感觉

② 书房的家具没有选择相同造型和款式的座椅，反而结合了中式鼓凳和西式扶手椅，这样的中西混搭再搭配上带着祥云图案的地毯，没有违和感觉

① 老人房的整体色调较暗，墨绿色的墙面与灰色双人床搭配，可以形成平和安稳的氛围。但为了避免过于沉闷，卧室床品的色彩比较淡雅，鹅黄色的床巾也可以增添一丝活跃感。卧室内家具的线条简单，对于老年人而言看上去更加清爽，不会给人眼花缭乱的感觉，装饰摆件也选择了最少的数量和最简单的造型，反而带有一种精致的优雅感觉

② 几何图案的地砖使白色系的卫浴间变得生动起来，看起来没有那么单调；带着优雅线条的洗脸台在造型上与古铜色的装饰镜呼应，为空间增添了复古情调

二层平面布置图

① 儿童房的设计也延续其他空间的装饰手法，以简洁的优雅奢华为主，但考虑到想给孩子一个活泼有趣的天地，所以从细节上有所调整。橙色的床品带来活力感觉，大块的长绒地毯既保证了安全又能带来温暖的感觉，可爱的动物图案增添童趣感

② 第二间儿童房的设计在色彩上有了比较强烈的明暗对比。墨绿色的背景墙与白色单人床，呈现出优雅又高贵的感觉。深色的地板带来的厚重感被充满童趣图案的地毯中和，只剩下稳重感。整个卧室在精致的简欧风格之下也不乏童真

①

②

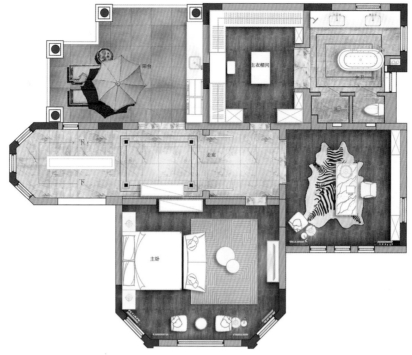

三层平面布置图

主卧墙面选择了深灰色与白色石膏线的搭配，尽显高贵之感。浊色调皮质双人床和床尾沙发，有着现代简约的优雅与质感。多层式的吊顶搭配欧式水晶吊灯，华丽精致，金色的支架与背景墙上的金色线条呼应，增添奢华感觉

①
———
②

① 主卫的设计打破常规卫浴间的布局形式，将浴缸放在空间中央，仿佛回到浪漫的上世纪欧洲。拱形窗和百褶帘的搭配，复古又优雅。整个花灰大理石的铺贴，既方便打扫，又带着优雅情调

② 走廊没有放置家具和摆设，仅以一幅装饰画和豪华的水晶吊灯作为点缀，给人一种简练的优雅感；浅褐色的墙面和石材拼花地面，以低调的面目展露着高贵的气质